U0336871

总主编 伍 江 副总主编 雷星晖

乔晓菲 闫 冰 著

化学键组装多元稀土/无机/有机/高分子杂化发光材料的研究

Investigation on the Chemical Bonding Assembly of Rare-earth / Inorganic / Organic / Polymeric Luminescence Hybrids

内 容 提 要

本书着重对功能桥分子以及聚合物前驱体进行了设计和构筑。作者将配合物、无机基质和聚合物三者以三种接枝方式构筑于同一基元中，结合溶胶-凝胶技术制备出多元稀土/无机/有机/高分子杂化发光材料，并对其微结构、热稳定性以及光物理性质进行了研究。本书的研究结果对功能杂化材料的应用开发具有很大的参考价值，并且有望在今后的多功能器件的设计和生产方面得到广泛的应用。

本书可作为从事功能杂化材料研究的研发及工程技术人员的参考用书。

图书在版编目(CIP)数据

化学键组装多元稀土/无机/有机/高分子杂化发光材料的研究 /乔晓菲，闫冰著. —上海：同济大学出版社，2018.9

（同济博士论丛 / 伍江总主编）

ISBN 978 - 7 - 5608 - 7045 - 8

Ⅰ. ①化… Ⅱ. ①乔…②闫… Ⅲ. ①化学键—组装—发光材料—研究 Ⅳ. ①TB34

中国版本图书馆 CIP 数据核字(2017)第 103986 号

化学键组装多元稀土/无机/有机/高分子杂化发光材料的研究

乔晓菲　闫　冰　著

出 品 人　华春荣　　责任编辑　蒋卓文　　助理编辑　翁　晗

责任校对　徐春莲　　封面设计　陈益平

出版发行　同济大学出版社　　www.tongjipress.com.cn

（地址：上海市四平路 1239 号　邮编：200092　电话：021 - 65985622）

经　　销　全国各地新华书店

排版制作　南京展望文化发展有限公司

印　　刷　浙江广育爱多印务有限公司

开　　本　787 mm×1092 mm　1/16

印　　张　12.25

字　　数　245 000

版　　次　2018 年 9 月第 1 版　　2018 年 9 月第 1 次印刷

书　　号　ISBN 978 - 7 - 5608 - 7045 - 8

定　　价　60.00 元

“同济博士论丛”编写领导小组

“同济博士论丛”编辑委员会

总序

在同济大学110周年华诞之际，喜闻"同济博士论丛"将正式出版发行，倍感欣慰。记得在100周年校庆时，我曾以《百年同济，大学对社会的承诺》为题作了演讲，如今看到付梓的"同济博士论丛"，我想这就是大学对社会承诺的一种体现。这110部学术著作不仅包含了同济大学近10年100多位优秀博士研究生的学术科研成果，也展现了同济大学围绕国家战略开展学科建设、发展自我特色，向建设世界一流大学的目标迈出的坚实步伐。

坐落于东海之滨的同济大学，历经110年历史风云，承古续今、汇聚东西，秉持"与祖国同行、以科教济世"的理念，发扬自强不息、追求卓越的精神，在复兴中华的征程中同舟共济、砥砺前行，谱写了一幅幅辉煌壮美的篇章。创校至今，同济大学培养了数十万工作在祖国各条战线上的人才，包括人们常提到的贝时璋、李国豪、裘法祖、吴孟超等一批著名教授。正是这些专家学者培养了一代又一代的博士研究生，薪火相传，将同济大学的科学研究和学科建设一步步推向高峰。

大学有其社会责任，她的社会责任就是融入国家的创新体系之中，成为国家创新战略的实践者。党的十八大以来，以习近平同志为核心的党中央高度重视科技创新，对实施创新驱动发展战略作出一系列重大决策部署。党的十八届五中全会把创新发展作为五大发展理念之首，强调创新是引领发展的第一动力，要求充分发挥科技创新在全面创新中的引领作用。要把创新驱动发展作为国家的优先战略，以科技创新为核心带动全面创新，以体制机制改革激发创新活力,以高效率的创新体系支撑高水平的创新型国家建设。作为人才培养和科技创新的重要平台,大学是国家创新体系的重要组成部分。同济大学理当围绕国家战略目标的实现,作出更大的贡献。

大学的根本任务是培养人才,同济大学走出了一条特色鲜明的道路。无论是本科教育、研究生教育,还是这些年摸索总结出的导师制、人才培养特区,"卓越人才培养"的做法取得了很好的成绩。聚焦创新驱动转型发展战略,同济大学推进科研管理体系改革和重大科研基地平台建设。以贯穿人才培养全过程的一流创新创业教育助力创新驱动发展战略,实现创新创业教育的全覆盖,培养具有一流创新力、组织力和行动力的卓越人才。"同济博士论丛"的出版不仅是对同济大学人才培养成果的集中展示,更将进一步推动同济大学围绕国家战略开展学科建设、发展自我特色、明确大学定位、培养创新人才。

面对新形势、新任务、新挑战,我们必须增强忧患意识,扎根中国大地,朝着建设世界一流大学的目标,深化改革,勠力前行!

万　钢

2017 年 5 月

论丛前言

承古续今，汇聚东西，百年同济秉持“与祖国同行、以科教济世”的理念，注重人才培养、科学研究、社会服务、文化传承创新和国际合作交流，自强不息，追求卓越。特别是近20年来，同济大学坚持把论文写在祖国的大地上，各学科都培养了一大批博士优秀人才，发表了数以千计的学术研究论文。这些论文不但反映了同济大学培养人才能力和学术研究的水平，而且也促进了学科的发展和国家的建设。多年来，我一直希望能有机会将我们同济大学的优秀博士论文集中整理，分类出版，让更多的读者获得分享。值此同济大学110周年校庆之际，在学校的支持下，“同济博士论丛”得以顺利出版。

“同济博士论丛”的出版组织工作启动于2016年9月，计划在同济大学110周年校庆之际出版110部同济大学的优秀博士论文。我们在数千篇博士论文中，聚焦于2005—2016年十多年间的优秀博士学位论文430余篇，经各院系征询，导师和博士积极响应并同意，遴选出近170篇，涵盖了同济的大部分学科：土木工程、城乡规划学（含建筑、风景园林）、海洋科学、交通运输工程、车辆工程、环境科学与工程、数学、材料工程、测绘科学与工程、机械工程、计算机科学与技术、医学、工程管理、哲学等。作为“同济博士论丛”出版工程的开端，在校庆之际首批集中出版110余部，其余也将陆续出版。

博士学位论文是反映博士研究生培养质量的重要方面。同济大学一直将立德树人作为根本任务，把培养高素质人才摆在首位，认真探索全面提高博士研究生质量的有效途径和机制。因此，“同济博士论丛”的出版集中展示同济大学博士研究生培养与科研成果，体现对同济大学学术文化的传承。

“同济博士论丛”作为重要的科研文献资源，系统、全面、具体地反映了同济大学各学科专业前沿领域的科研成果和发展状况。它的出版是扩大传播同济科研成果和学术影响力的重要途径。博士论文的研究对象中不少是“国家自然科学基金”等科研基金资助的项目，具有明确的创新性和学术性，具有极高的学术价值，对我国的经济、文化、社会发展具有一定的理论和实践指导意义。

“同济博士论丛”的出版，将会调动同济广大科研人员的积极性，促进多学科学术交流、加速人才的发掘和人才的成长，有助于提高同济在国内外的竞争力，为实现同济大学扎根中国大地，建设世界一流大学的目标愿景做好基础性工作。

虽然同济已经发展成为一所特色鲜明、具有国际影响力的综合性、研究型大学，但与世界一流大学之间仍然存在着一定差距。“同济博士论丛”所反映的学术水平需要不断提高，同时在很短的时间内编辑出版110余部著作，必然存在一些不足之处，恳请广大学者，特别是有关专家提出批评，为提高同济人才培养质量和同济的学科建设提供宝贵意见。

最后感谢研究生院、出版社以及各院系的协作与支持。希望“同济博士论丛”能持续出版，并借助新媒体以电子书、知识库等多种方式呈现，以期成为展现同济学术成果、服务社会的一个可持续的出版品牌。为继续扎根中国大地，培育卓越英才，建设世界一流大学服务。

伍　江

2017年5月

前 言

由于单纯的稀土配合物具有难以克服的较差的光、热稳定性，荧光容易被水分子猝灭等缺点，因此，通过化学键将稀土配合物接枝到无机物基质或者具有优良透明性、延伸性以及易加工性的高分子材料基质上，制备出具有较好的光学性能和化学、热学稳定性的有机-无机杂化材料则成为目前研究的热点。本书在前人工作的基础上，着重对功能桥分子以及聚合物前驱体进行设计和构筑，将配合物、无机基质和聚合物三者以三种接枝方式构筑于同一个基元中，结合溶胶-凝胶技术制备出多元稀土/无机/有机/高分子发光杂化材料，并对其微结构、热稳定性及光物理性质进行了研究。本研究主要分为以下三个方面：

第一方面，设计和构筑化学改性的功能桥分子是制备多元稀土/无机/有机/高分子发光杂化材料的关键。本书选择了芳香羧酸类(对羟基苯甲酸、2-羟基-3-甲基-苯甲酸)、氮杂环类(2-羟基烟酸)、β-二酮类(噻吩甲酰三氟丙酮、β-萘甲酰三氟丙酮)和大环杯芳烃衍生物(四叔丁基溴丙氧基杯芳烃及其衍生物)等有机配体，采用羟基修饰路线进行化学改性，合成了一系列功能桥分子，并进一步通过配位和水解缩聚反应将它们引入无机/有机/聚合物杂化体系中，并研究了不同的配体结构对稀土离子发光性能和微观形貌的影响。

第二方面，含长碳链聚合物的引入，取代了材料中的水分子，降低了羟基振动引起的荧光猝灭效应；参与了能量的吸收和传递过程，对稀土离子的荧光起到了一定的敏化作用；聚合物自身具有的共轭刚性平面，对配合物的结构起了固定的作用，从而影响了最终材料的发光性能。本书是根据聚合物引入杂化体系方式的不同来选择聚合物的，可分为配位，水解缩聚和自由基加聚三种方式，选择了聚甲基丙烯酸（甲酯）类、聚乙烯基吡啶（吡咯烷酮）类以及丙烯酰胺、4-乙烯基苯硼酸、N-乙烯基苯邻二甲酰亚胺，反式-苯乙烯基乙酸等单体，制备了一系列发光性能良好的多元杂化材料，并研究了带有不同官能团的、以不同方式引入以及具有不同长度碳链的聚合物对杂化材料的发光性能、热稳定性以及微观形貌的影响。

第三方面，本书选择了在可见区域发红光的铕离子、发绿光的铽离子，在红外区发光的钕离子以及过渡系金属锌离子作为中心离子，制备多元杂化材料，并且研究了其发光性能、热稳定性以及微观形貌。

目录

第1章 绪论

1.1 概述

在当今这个经济飞速发展的社会，人类的日常生活与材料息息相关，人类是通过对光、声、电的感知来了解世界的，所以光学材料在人类生活中就显得非常重要。稀土元素具有特殊的电子层结构，因此表现出优异的光学性能[1,2]。我国具有丰富的稀土战略资源，产量和储量均位于世界首列，因此稀土发光材料的研究对整个国家和社会都有着非常重要的意义。目前稀土发光材料已经广泛地应用于照明设备、彩色电视机荧光屏、大屏幕彩色显示板、电脑显示器、X射线增感屏、X射线断层扫描（CT）医疗诊断技术和荧光免疫检测分析等诸多方面。此外，稀土发光材料在冶金、农业、医疗卫生、国防、市容建设和高能物理等领域也起着重要的作用。

随着科学技术的不断发展，单一组分的材料已经不能满足人们的各种需求，20世纪80年代，“无机/有机杂化材料”的全新概念进入人们的视野。通过两种或多种材料在组成和结构的复合、杂化，达到功能的互补和优化，从而制备出各式各样性能优异的杂化材料。如今，在溶胶-凝胶技术上发展起来的无机/有机杂化材料已经成为介于有机聚合物与无机物之间的一大类新型复合功能材料，这类材料将高分子科学中的加聚、缩聚，金属有机或元素有机反应，无机化学中溶胶-凝胶反应、化学反应，以及介观物理等巧妙的配合起来，实现了无机组分与有机组分在分子水平上或纳米尺寸上的复合或杂化，因此这类材料兼具无机和有机组分的优良特性，便于实现分子“裁剪”，易于加工成型，具有较高的稳定性，甚至出现单一组分不具有的特性和功能。与传统复合材料相比，这类材料在光学、热学、电磁学和生物学等方面具有更多优越的性能[3,4]。因此，将稀土化合物作为发光中心活性物种引入杂化体系，组装发光功能杂化材料，具有非常重要的研究意义和应用价值。

1.2　无机/有机杂化材料研究进展

无机/有机杂化材料是一个崭新的研究领域，是继单组分材料、复合材料和梯度功能材料之后的第四代材料[5]。它是将不同的组元在纳米尺寸或分子水平上进行的组合，纳米相与其他相间通过一定的作用力结合形成了互穿网络。在纳米水平上复合，即相分离尺寸不得超过纳米数量级，有时甚至是分子水平级的，因而这类材料相对于具有较大微相尺寸的传统复合材料在结构和性能上有着明显的优越性。杂化材料的性质，也不仅仅是组成组分性质的简单加和，还经常表现出许多其他的优良性质。通过功能复合、互补和优化，可以制备性能更为优越的功能材料与器件，满足工业生产多方面的需要以及信息科学与技术发展所提出的高效率、低功耗、多功能、高集成和可靠廉价的需要。对于无机/有机杂化光功能材料的研究，目前已经成为高分子化学和物理、物理化学和材料科学等多门学科交叉的前沿领域，受到各国从事材料科学研究人员的重视[5-12]，在固体染料激光器、平板显示、信息传输、光电开关和高科技防伪等方面均显示了光明的应用前景[13]。

1.2.1 无机/有机杂化材料的分类

无机/有机杂化材料可以根据其混合程度、聚合反应时间(瞬间进行或持续进行)、两相之间的界面特性(是否存在化学键)、基体材料的种类和制备方法等进行分类。但由于其种类繁多,数量仍在继续地增加,因此各个分类之间并没有严格的界限。图1-1列举了涵盖有机和无机尺度领域中杂化材料的常见例子[14]。此图是依照杂化材料中主相的本质进行分类的,即有机-无机还是无机-有机取决于其连续相、宿主或基体相是有机材料还是无机材料,表明了杂化材料在超分子材料和纳米材料过渡区的丰富性,形成了分子化学与固态化学宽阔的关联性。

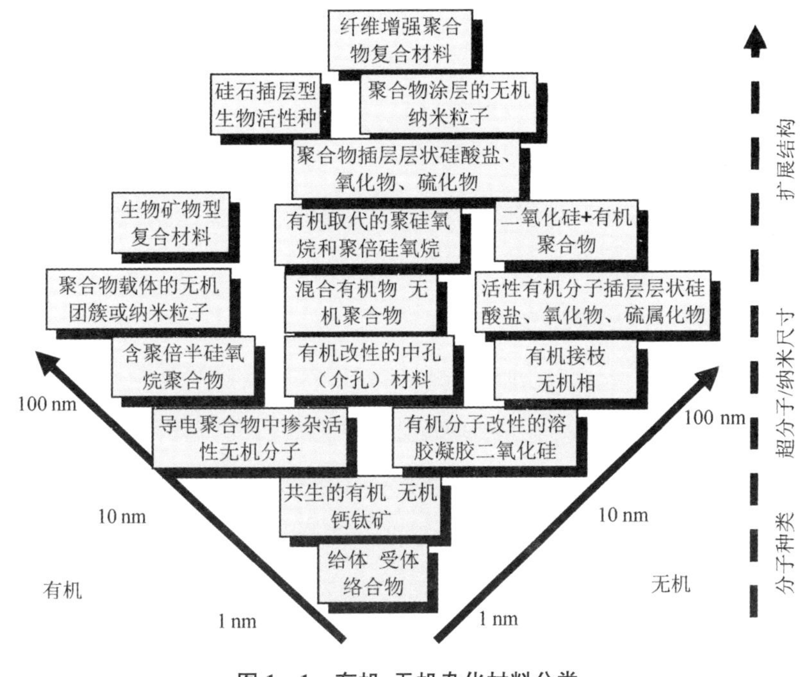

图1-1 有机-无机杂化材料分类

另一种广泛使用的分类,主要是针对溶胶-凝胶杂化材料引入的,但同时也适用于其他类型的杂化材料。即依据两相间的结合方式和组成组分,将杂化材料分为Ⅰ类和Ⅱ类杂化材料[15, 16]。Ⅰ类杂化材料是指有机分子或聚合物简单包夹于无机基质中，有机组分和无机组分之间仅靠弱的相互作用力连接，如氢键、范德华力、π-π作用力及静电力(最低程度是轨道重叠)。由于两相之间没有强的作用力，在这类材料中，容易出现有机相与无机相之间的相分离现象。Ⅱ类杂化材料是指有机组分和无机组分之间通过强的作用力(离子键、共价键、配位键等)相互连接，从而有效地克服了无机相和有机相之间相界面的产生，同时，材料的机械性能、热稳定性以及透明度也得到了很好的改善[15]。以共价键结合的无机/有机杂化材料主要是无机前体与有机功能性官能团共水解与缩合；以离子键结合的杂化材料主要是无机组分与有机组分彼此带有异性电荷，可形成离子键而得到稳定的杂化材料体系；以配位键结合的无机有机杂化材料主要是基质与粒子以孤对电子和空轨道相互配位的形式产生化学作用，构成杂化材料[17]。

1.2.2 有机-杂化材料的制备方法

目前，无机/有机杂化材料的合成方法很多，并且不断得到完善。其主要的制备方法有插层复合法、水热合成法、LB膜技术、无机离子表面改性法、电解聚合法、自组装法及溶胶-凝胶法。

(1) 插层复合法

插层复合法主要用于合成插层化合物类的无机/有机杂化材料，其基本原理是利用许多无机化合物如硅酸盐黏土、磷酸盐类、石墨、金属氧化物、二硫化物等具备的典型层状结构，在其中插入各种有机分子或离子来制得高性能复合材料。由于可选择的二维或三维宿主的数量很大，同时可用的有机分子或离子客体种类又非常繁多，因此，利用插层复合法可制得多种无机/有机杂化材料。1987年，日本丰田中央研究院的臼杵有光首次报道了用ε-己内酰胺在十二烷基氨基酸蒙脱土中插层聚合制备了尼龙6/黏土杂化材料[18]。

(2) 水热合成法

水热合成法是指在一定的温度下(100~1 000℃)和压力(1~1 000 MPa)在溶剂中进行的特定化学反应。反应一般在特定类型的密闭容器或高压釜中进行。在水热合成反应中,水处于亚临界和超临界状态,反应物在水中的物性和化学反应性能均异于常态,反应活性很高。冯守华等对水热合成法制备功能材料进行了大量研究工作[19]。由于水热与溶剂热合成化学的可操作性和可调变性,该方法将成为衔接合成化学和合成材料的物理性质之间的桥梁。总体来看,水热与溶剂热合成化学的研究重点仍是新化合物的合成、新合成方法的开拓以及新理论的建立[20]。

(3) LB膜技术

LB膜技术是利用具有疏水端和亲水端的两亲性分子在气液界面的定向性质,在侧向施加一定压力,形成分子紧密定向排列的单层膜,再通过一定的挂膜方式均匀地转移到固定衬基上,制备出纳米微粒与超薄有机膜形成的无机-有机层交替的杂化材料[21]。Jiang等[22]用LB膜技术制备了新型的无机-有机杂化膜并利用循环伏安法考察了其电化学性质。

(4) 无机粒子的表面改性

粒径大小在纳米至微米级的无机粒子,经过表面改性,提高材料的表面活性使得无机微粒材料在有机高分子材料中的分散稳定性得到明显提高,材料的耐久性也得到改善,从而提高材料的附加性能。根据无机粒子表面改性的手段,可以分为表面物理吸附改性与表面形成化学键改性。表面物理吸附改性是指,通过与被吸附物质和微粒表面间形成氢键、原子转移或配位键的方式使有机表面改性剂有效地吸附在无机微粒表面。比如含有羧基的有机表面改性剂可以与碱性或者两性的无机微粒表面结合形成稳定的表面羧酸盐或稳定性较差的氢键型加合物。表面形成化学键改性可以分为微粒表面离子交换改性、形成共价键的改性及表面接枝聚合改性。制备这种杂化材料的首次尝试是基于“硅的酯化”反应。即通过硅烷醇与烷醇之间的“酯化反应”，在杂化材料中烷基链通过—Si—O—C—与硅粒子的无机表面保持连接。Yoshida 等详细地研究了烷氧基硅烷在金属氧化物表面的硅烷化反应。他们发现在硅烷化过程中表面吸附水量对乙烯基三甲氧基硅烷(VTMS)在不同的金属氧化物表面上的硅烷化反应程度有明显的影响[23]。

(5) 电化学聚合法

电化学聚合是单体在电场作用下发生聚合的一种合成方法，它与常规的自由基聚合反应类似，该反应也分为引发、增长与终止三个基元反应。Li 等利用电化学聚合的方法，以 1,3-苯醌(BQ)和氮化磷腈三聚体为原料制取了 PP-BQ 杂化材料，反应机理是电化学反应-化学反应-电化学反应-化学反应[24]。Kulesza 等利用电沉积法制备了聚苯胺-普鲁士蓝型铁腈化金属杂化材料[25]。

(6) 自组装法

自组装法(Self-assembly)是 20 世纪 80 年代后期发展起来的一种在分子水平上构筑功能材料的新方法。其基本原理是整个反应体系自发地朝吉布斯自由能减少的方向移动，形成共价键、离子键、配位键等，得到多层交叠的无机/有机膜。Michael 等制备了以 NH_2—Co 配合物为基础的多层膜材料[26]，还采用同样的方法合成了 Ru-吡嗪、Cu-二硫醇、Ru-二胺和 Ni-$Pt(CN)_4$ 与二胺的多层膜。Aliev 等对具有核-壳结构的磁性纳米粒子进行了层间组装[27]。

(7) 溶胶-凝胶法

20 世纪 60 年代，溶胶-凝胶(Sol-gel)技术逐渐发展成为一种制备材料的新工艺。法国科学家 J. J. Ebelmen 于 1864 年发现正硅酸酯在空气中水解时会形成凝胶，从而开创了溶胶-凝胶化学的新纪元，从此溶胶-凝胶技术在玻璃、氧化物涂层、功能陶瓷粉料以及复合氧化物材料领域中得到了广泛的应用[28-31]。溶胶-凝胶法是用含高化学活性组分的化合物作前驱体，在液相下将这些原料均匀混合，并进行水解、缩合化学反应，在溶液中形成稳定的透明溶胶体系，溶胶经陈化胶粒间缓慢聚合，形成三维空间网络结构的凝胶，凝胶网络间充满了失去流动性的溶剂，形成凝胶，凝胶经过干燥、烧结固化制备出分子乃至纳米亚结构的材料，即将成液态分散高度均匀的体系经化学或物理方式的处理转变为成固态分散高度均匀的体系。其基本原理是：将金属醇盐或无机盐经过水解得到溶胶，然后使溶质聚合凝胶化，再将凝胶干燥、热处理除去有机组分，最后得到材料。溶胶-凝胶技术包括以下几个过程：

① 溶胶的制备：溶胶的获得分为无机途径和有机途径两类。在无机途径中，溶胶的形成主要是通过无机盐的水解来完成，反应表示式如下[13]：

$$M^{2+} + nH_2O \longrightarrow M(OH)_n + nH^+$$

在有机途径中，以有机醇盐或金属烷氧基化合物［$M(OR)_x$，M = Si，Ti，Zr，Al，Mo，V，W，Ce 等］为原料，通过水解与缩聚反应制得溶胶，反应式为：

水解反应：$M(OR)_n + xH_2O \longrightarrow M(OR)_n - x(OH)_x + xROH$

聚合反应：$2M(OR)_n - x(OH)_x \longrightarrow [M(OR)_n - x(OH)_{x-1}]_2 + H_2O$

② 溶胶-凝胶转化：溶胶中含有大量的水，凝胶化过程中，通过改变溶液的 pH 值或加热脱水的方法来实现凝胶化。

③ 凝胶的干燥：湿凝胶中所含的大量溶剂在热处理(灼烧)之前需要进行干燥将其除去，而得到干凝胶，以便在热处理过程中尽可能地减少气孔的生成。在此过程中，凝胶结构变化很大，所以热处理的升温过程和最终温度对材料的性能有较大的影响。

溶胶-凝胶法的特点[32]：制备工艺简单，反应温度低，一般为室温或稍高温度，因此大多数有机活性分子可以引入此体系中，并保持其物理和化学活性。材料粒度好，均匀性好。由于反应是从溶液开始的，各组分的比例容易控制，且易达到分子水平上的均匀，从而避免相分离，降低光损耗。由于此反应不涉及高温反应，能避免杂质的引入，可保证最终产品的纯度，使得产品纯度非常高。可根据需要，在反应的不同阶段，制取薄膜、纤维或块状功能材料。在运用溶胶凝胶法制备稀土杂化发光材料的过程中，一般有原位一步合成法和两步法两种制备方法[33]。通过简单掺杂或凝胶浸渍法制备材料，即在溶胶凝胶基质中原位合成稀土配合物，此方法为一步溶胶凝胶法，该方法制备周期较长[34]；若在溶胶过程中采用盐酸和六次甲基四胺用作水解、缩聚的催化剂，可以加快形成溶胶和转向凝胶的速度，缩短成胶时间，该方法为两步溶胶凝胶法[35]。

另外，溶胶凝胶法的一个缺点就是在凝胶的干燥过程中，由于溶剂、水、醇等的挥发而产生应力，甚至会导致材料的开裂。为了克服这一弊端，Ellsworth 和 Novak 采用可聚合的烃氧基官能团代替原来金属醇盐中的烷氧基官能团，水解缩聚这些醇盐，在适当的催化剂存在下，通过加入化学计量的水和醇作为互溶剂，使所有组分均参加聚合，所得凝胶无需再干燥，也就不存在收缩现象。正硅酸四乙酯与玻璃态聚合物杂化得到的材料其光学透明性、模量、耐磨性等均有明显的提高，且折射率随着无机相含量的增大而增大。Hang 等将低玻璃化温度的含端羟基的聚二甲基硅氧烷与正硅酸四乙酯进行水解缩合，得到了各性能均明显提高的橡胶材料。该产物具有高度的透明性，表现出一定的柔韧性，且无干裂现象，其强度随着二氧化硅的含量增加而增大。Wilkes 合成了具有多个官能团的化合物，使得溶胶凝胶过程中有足够多的 $Si(OC_2H_5)_4$ 基团进行水解，在无机相和有机相之间形成了较强的作用力，这种化合物与 TEOS 水解缩合后得到的溶胶可以大规模地用于涂膜工艺上，所得到的膜均匀透明，耐磨性、耐燃性很好[36]。

通过不同的途径可得到不同的杂化材料，如图 1-2 所示[6,14]。路线 A 为传统的溶胶凝胶过程。通过有机改性的金属醇盐或金属卤化物与简单金属缩合物的水解而形成，溶剂中含一种特殊的有机分子、一种生物组分或多官能团的聚合物。它要么发生交联作用，要么发生相互作用，或通过一系列相互作用而包覆在无机组元中。该方法简单、便利，得到的是无定形纳米复合杂化材料。该类材料微结构不定、透明，而且很容易制成薄膜。为了更好地理解和控制这些材料的局部结构以及它们的组织程度，需要我们进行合成过程的控制。

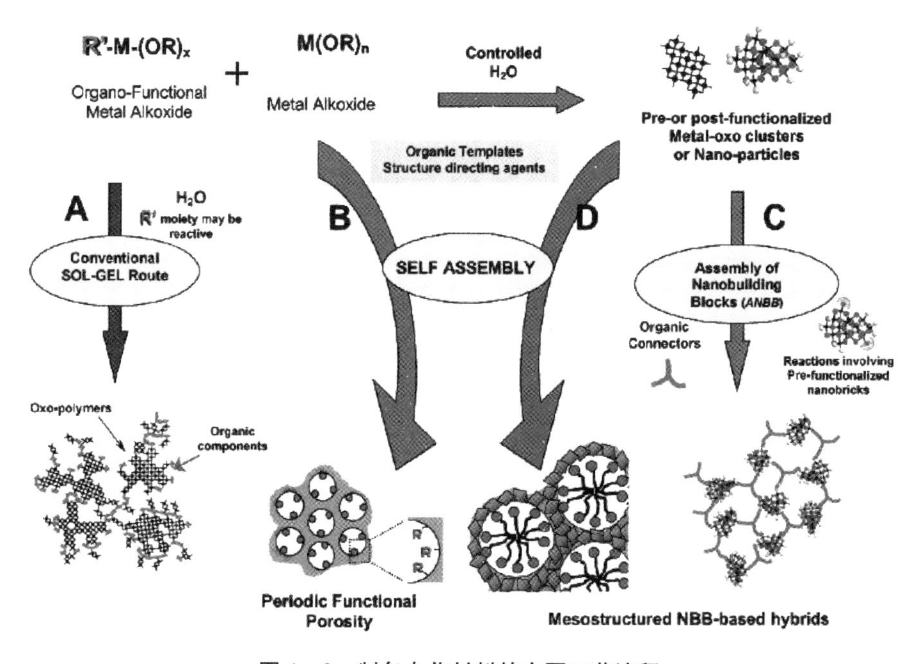

图 1-2 制备杂化材料的主要工艺流程

目前来说，可以采取以下三种途径控制材料的结构，分别是图中路线B、路线C和路线D。路线B是以有机结构的控制剂作为模板，采用自组装工艺来进行杂化网络体系的构建[37,38]。通过使用有机结构模板剂，材料内部各物质的分布和排列出现了一定的规律。利用不同有机结构导向剂以及各物质的固有属性之间的差别，可以很好地控制并调节杂化体系的内表面。这类领域中的杂化材料具有多样性，从无机黏土有序分散在杂化材料基体中可扩展到有机聚合物纳米链段高度可控地分散在无机基体中。通过路线C,可以进行规整纳米构筑单元的组装,即纳米结构单元可以是团簇、有机预处理或后处理的纳米粒子、纳米核-壳物或者是能插层有机组分的层状化合物等[39],通过有机可聚合配体的封装或者遥爪分子或功能聚合物的有机间隔剂来连接[40],以"分子片"的形式完整地出现在最终产品中。该方法可以实现无机组分性质更好地保持。将路线B与路线C两种合成路线结合起来,可得到路线D,即采用带有机模板的纳米构筑单元进行自组装,通过控制组装步骤,制备结构和功能相一致的杂化材料,在这类材料中,有机组分和无机组分的界面呈现多样性(共价键、络合键、静电引力等)。

1.2.3 无机/有机杂化材料的应用

杂化体系的多样性和杂化材料中官能团的多样性使得杂化材料的种类特别丰富,具备的性能也多种多样。无机有机杂化材料可以根据其优异的力学性能、电学性能、光学性能或热学性能,经过加工处理,作为新型的结构材料、光学材料、电子材料、生物学材料、催化材料、涂层材料等得到广泛应用。

(1) 结构材料

结构材料是利用材料的物理力学性质,用以制造以受力为主的构件,它广泛用于路面、建筑物、桥梁、航空航天等许多方面。结构材料主要包括金属结构材料、高强度工程塑料、结构工程陶瓷及复合结构材料等。聚硅氧烷与聚碳酸酯嵌段共聚材料已经由通用电气公司商业化生产。这种杂化材料可用于宇航飞行器的座舱罩、富氧膜以及防弹衣的夹层等[41]。层状硅酸盐与聚合物形成纳米杂化材料以后,由于其纳米尺度效应和强的界面黏结,聚合物/黏土纳米杂化材料具有高耐磨性能、高强度、高模量及低的膨胀系数,而密度仅为一般杂化材料的65%~75%。

(2) 光学材料

将有机组分填充到溶胶-凝胶基质中制备的材料具有非常良好的光学性能,因此广泛应用于非线性光学材料、无机/有机纳米杂化光学透明材料及无机/有机杂化发光材料领域[42-48]。在聚丙烯酸酯骨架中引入含硅化合物形成杂化材料,可作为隐形眼镜片的材料[41]。Colvin 等结合纳米 CdSe 与聚苯撑乙烯制得了无机/有机杂化发光装置,随着纳米颗粒的变化,发光颜色可在红色到黄色间改变[49]。Toshiba 公司每年销售的上百万台电视机,它们的屏幕的涂层就是用靛青发色基团结合氧化锆体系得到的[50]。

(3) 电学材料

通过具有导电性质的高分子材料与具有良好耐热性的金属氧化物材料之间的杂化,人们制备了具有良好耐热性的无机/有机杂化导电材料,利用具有导电性质的高分子材料与具有各种特殊功能的无机材料(如超导材料)等复合,组成了具有各种光电子性质的无机/有机杂化功能材料。有机导电聚合物(如聚苯胺、聚吡咯、聚噻吩等)具有优良的导电性和掺杂效应;而多金属含氧酸具有强酸性和强氧化性,是优良的高质子导体,用多金属含氧酸作掺杂剂可大幅度提高聚合物的导电性能。Wu 等制备了一系列取代型多金属含氧酸有机杂化材料并测定了其质子导电性能,大量的研究表明,不同多金属含氧酸掺杂同一种聚合物,会得到电导率不同的复合材料[50-56]。山东大学陈洪存等研究了(Nb,Mg,Al)多元掺杂对 ZnO 压敏复合材料电学性能的影响。最近开发出的热塑性 PI 与聚硅氧烷的杂化材料,具有极优的耐热性能,可作为宇航及航空中的电线绝缘材料[57]。

(4) 生物材料

生物材料是研制人工器官及各种医疗器械的基础,是一类与人类生命和健康密切相关的新型材料。这种材料必须有良好的机械性能,而且与生物是相容的,生物活性植入物与活器官的结合有利于破损的器官或骨头的再生。杂化生物医学材料主要是人工材料和生物体材料的组合,是由活体材料和非活体材料所组成的复合体，它主要指合成材料与生命体高分子的杂化和合成材料与细胞的杂化，包括用于组织结构材料的多糖类等生理活性物质杂化，以固定化酶为代表的功能性杂化材料和杂化细胞三类。北京大学刘星纲等研究了纳米β-磷酸三钙/胶原复合体(N-TCP/Co)修复兔下颌骨缺损的效果[58]，结果表明自制的N-TCP/Co杂化材料可有效成骨，重建修复家兔颌骨缺损。溶胶-凝胶法实现了低温合成玻璃和陶瓷，它为生物封装打开了新的途径，酶和细胞与分子前驱体能够在溶液中混合，被封装在自身周围形成的固体材料中。有些文献报道了生物分子在层状双氢氧化物(LDH)中的插层反应，将DNA插层到LDH中，DNA中带负电的氨基酸能够直接插在带正电的片层之间，获得了额外的稳定能，LDH则起着保护的作用，整个分子可以作为载体来植入哺乳动物的细胞中[59,60]。

(5) 催化材料

无机/有机材料具有灰分低、表面官能团多、多孔和孔径大小可调、表面容易修饰和催化剂比表面高的优点，而且制备的催化剂兼有均相和多相催化剂的特在硅点，是较为理想的催化剂，成为21世纪研究的热点之一。高的表面积以及金属高的负载量使得有机金属桥联聚倍半硅氧烷在定向聚合、选择性反应的催化剂载体方面具有极大的吸引力，目前已经制备出带有钌、铱、铑配体作为部分桥联基团的聚倍半硅氧烷，并应用于乙醛、烯烃、芳烃的加氢，其反应活性大大加强[61-63]。与连有三乙氧基硅烷基团的两个羟芳基亚胺配位的锆桥联聚倍半硅氧烷，通过硅基凝胶的表面硅烷化反应，制得非均相催化剂，对烷基芳香族化合物气相氧化成羧酸功能化的芳香族化合物非常有效。浙江工业大学陈金媛等采用均匀沉淀法在Fe_3O_4表面包覆TiO_2，制备了新型纳米杂化TiO_2/Fe_3O_4光催化材料，并通过改变pH值、温度、TiO_2/Fe_3O_4的比例以及硫酸钛的浓度等条件，得到了材料制备的最佳条件[64]。

（6）涂层材料

近年来，国外使用杂化材料研制了汽车使用的耐刮涂料并大批量生产。这种涂料也可用于飞机或宇航飞行器表面。例如杜邦公司生产的产品，它是通过使用烷氧基硅烷、异丁烯酸丙氧基三甲氧基硅烷等与蜜胺-2-甲醛树脂组分高密度交联而成的杂化材料，主要用在汽车顶部的涂层，1997年以来已由福特、丰田等汽车公司订购[64]。

1.3 稀土有机配合物及无机/有机杂化发光材料研究进展

1.3.1 稀土有机配合物的研究进展

（1）稀土有机配合物的光致发光理论

由于单纯的稀土离子在紫外可见区域的吸光系数非常小，从而影响了材料的光性能，因此大量的研究集中在稀土有机配合物。稀土配合物的发展主要可分为五个阶段：20世纪40年代至50年代，研究发现用近紫外光激发具有共轭结构的有机配体的稀土配合物，能够产生较强的荧光[65,66]；60年代至70年代初，Crosby[67]等提出了分子内和分子间能量传递理论并进行了系统的研究，他们认为，配体三重态能级决定了分子内传能的有效程度，即配体的三重态能级要高于稀土离子的最低激发态能级，才能进行有效的分子内能量传递[68,69]；Sato等[70]研究了大量稀土β-二酮配合物后发现，有机配体的三重态能级与稀土离子的激发态能级之间存在一个最佳匹配值。能级相差过大会不利于有机配体与稀土离子之间的有效传能，能级差过小则可能产生由稀土离子发射能级向配体三重态能级的逆向传能过程，降低传能效率；70年代末，由于实验技术和计算技能的成熟，对稀土配合物分子内能量传递的定量测定和发光机理的研究成为热点；80年代以来，光致发光配合物的研究重新活跃起来，在材料科学与生命科学领域作为结构探针和分析探针等方面得到了广泛的应用[71]；90 年代至今这 20 年间，随着科学技术的进一步发展，将稀土发光配合物与溶胶-凝胶无机/有机杂化材料、有机电致发光材料、功能 LB 膜技术结合起来，设计领域从分子和超分子添加剂扩展到固体、矿物或生物矿物相等，有望在固体可调谐激光器、二价非线性光学材料、太阳能浓集、光学微腔、超薄视屏显示等应用领域表现出的诱人前景[72-78]。

(2) 常用的有机配体

为了得到具有良好的发光性能的稀土配合物，有机配体需具有在紫外光区域内有较强吸收的活性基团。目前常用的有机配体主要有[78]：① β-二酮类配体：此类配体是研究最多的一类，包括链状的乙酰丙酮(HAcAc)、苯甲酰丙酮、二苯甲酰甲烷(HDBM)、α-噻吩甲酰三氟丙酮(TTA)等；② 芳香环化合物：芳香羧酸类配体是发光稀土配合物的常见有机配体，另外还包括稠环芳烃衍生物、荧光染料等；③ 杂环化合物：如联吡啶、邻菲罗啉、8-羟基喹啉等及其衍生物；④ 大环类化合物：如大环聚醚、大环多酮、卟啉类、酞菁类、多烯化合物及杯芳烃衍生物等。

(3) 增强稀土配合物发光的途径

有机配体与中心稀土离子的分子内能量传递效率是影响稀土配合物发光性能最重要的因素，主要取决于两种传递过程：一种是有机配体的最低三重态能级向中心离子共振发射能级的能量传递，遵循 Dexter 共振交换作用理论[79]；另一种是逆传能过程，遵循热失活机制。配体三重态能级必须高于稀土离子激发态能级才能发生能量共振传递，但是如果远远高于稀土离子的激发态能级，由于两者光谱重叠小，也不能发生能量的有效共振传递；若差值太小，致使配体三重态的热去活化率大于向稀土离子能量转移的效率，同样不能发生能量传递。因此，配体最低三重态能级与中心离子的共振发射能级存在一个最佳匹配值，所以选择与稀土离子能级匹配的有机配体是增强稀土配合物荧光性能的主要途径之一。

配合物的发光效率与配合物的结构密切相关，而配合物的结构往往又决定于配体的结构。稀土离子与配体形成的配合物的共轭平面越大，结构的刚性程度越大，配合物的结构越稳定，配合物的发光效率越高。选择适当的配位环境可以控制非辐射衰减，增强光吸收强度，提高稀土配合物的发光效率。

1.3.2 稀土杂化发光材料研究进展概述

稀土有机配合物存在光、热稳定性较差的缺点，因而限制了其在工业生产和日常生活中实际的应用。无机基质具有良好的光、热及化学稳定性，因此，将二者复合，制备稀土复合光功能材料，为新型光学材料的应用、开发及性能的改善提供了途径。这类材料被称为“稀土无机/有机杂化发光材料”，是一个具有潜在应用前景的新型材料。这类材料通常也是按照前面提到的杂化材料的分类依据，根据稀土配合物与基质材料结合的方式，可分为两种类型：一种是物理掺杂型稀土杂化材料，配合物与基质之间通过弱的作用力结合；另外一种化学键合型是稀土杂化材料，配合物与基质之间通过强的作用力结合。

(1) 物理掺杂型稀土无机/有机杂化发光材料

Matthews 等[80]采用溶胶-凝胶法将稀土配合物 $Eu(TTFA)_3$ 引入 SiO_2 凝胶基质中，所得杂化材料的发光强度比相应的 $EuCl_3$ 掺杂材料提高一个数量级，通过荧光光谱研究了在溶胶-凝胶材料老化过程中固体样品的发光行为。Serra 等[81]系统地研究了 Eu 的一系列配合物掺杂进硅氧基质后的发光性能，发现这几种配体对稀土发光强度影响的程度为：乙酰丙酮＜2,2′-联吡啶＜苯甲酰三氟丙酮＜邻菲罗啉。Klonkowski 等[82]考察了凝胶中配合物的配体、协同配体、阴离子和掺杂基质对发光性质的影响，结果表明，材料的发光性质依赖于配体向中心稀土离子的能量转移效率及中心离子周围猝灭剂的浓度。通过修饰中心离子的配位环境、选择合适的阴离子和优化基质，得到了高量子效率的杂化发光材料。Adachi 等[83,84]将 $Ln(bipy)_2Cl_3 \cdot 2H_2O$ 和 $Ln(phen)_2Cl_3 \cdot 2H_2O$($Ln$=Eu，Tb)掺入溶胶-凝胶基质，发现其稳定性比纯固体配合物较强。张洪杰课题组[85,86]将稀土配合物 $Eu(DBM)_3phen$ 和 $Tb(AA)_3phen$ 嵌入层状化合物 α - ZrP · 2PMA 中制得红色和绿色发光组装体。实验证明，单位发光分子在组装体中具有较高的发光效率，之后又把具有杂环结构且稳定性良好的稀土配合物嵌入介孔中，获得了发光性能优异的无机-有机杂化中孔发光材料，并考察了中孔材料对其发光性质的影响[87,88]。结果表明，所得杂化材料具有典型的中孔材料 MCM - 41 的结构，且经组装后孔结构保持不变，在紫外光照射下，发出稀土离子的特征谱线，但与纯稀土配合物相比，其激发光谱发生蓝移，稀土 Eu^{3+} 所处的格位对称性降低，荧光寿命延长。葡萄牙的 Carlos 等[89]把 Eu^{3+}，Tb^{3+} 及 Tm^{3+} 共掺杂于由脲基连接的无机/聚合物纳米结构杂化材料中，当材料的测定温度从 200 K 逐步升至 300 K 时，材料的发光也由黄绿色逐步变为红色，当把 Eu - β -二酮配合物引入与上述类似的基质中时，其量子效率可达 74%[90]。

上述物理掺杂型杂化材料，虽然其发光性能有了一定程度的改善，但是稀土配合物与基质之间以弱相互作用力(氢键或范德华力等)相结合，因而存在以下的缺陷：配合物是吸附或包裹在基质中，受孔隙影响，稀土掺杂量通常较低，发光强度不高；容易发生相分离，杂化材料的稳定性不高；稀土配合物在基质中分散的均匀性较差，容易发生团聚，进而造成透明性较差和浓度猝灭现象。

(2) 化学键合型稀土无机/有机杂化发光材料

为克服以上缺点制备高性能的发光材料，目前关注的热点为：将稀土配合物通过共价键连接到无机基质骨架上，将稀土配合物的良好发光性能和无机基质的良好机械性能相结合，制备出高效、稳定的化学键合型稀土杂化发光材料。

这类材料的制备一般采用含有反应活性的有机单体前驱体的溶胶-凝胶法，可选择含反应活性官能团的硅氧烷[$R_nSi(OR')_{3-n}$]，$n=1\sim3$，R为含乙烯基、氨基、环氧基等含反应活性基团的有机基团，利用其反应活性基团进行化学反应，将其一端嫁接到有机功能分子上，同时利用硅氧烷在溶胶-凝胶过程中的水解缩聚反应构筑Si—O网络，进而嫁接到无机基质中。

法国Zambon研究组首先[91-94]将吡啶二羧酸及其衍生物进行有机硅烷化羧基改性，得到了一系列反应前驱体，通过配位和水解缩聚制得有机、无机组分通过Si—C键相连接的杂化材料。研究结果表明，该类杂化材料的热稳定性相比于稀土配合物有了很大的改善，没有相分离现象发生，而且稀土离子的掺杂浓度有了较大的提高。

比利时Binnemans研究组对小分子邻菲罗啉进行功能修饰，合成了配体羟苯基咪唑基邻菲罗啉，并与三乙氧基硅基异氰酸丙酯反应，同时引入其他敏化分子，进一步通过溶胶-凝胶法，得到了含Pr、Nd、Sm、Dy、Ho、Er、Tm、Yb离子的杂化体系，且将其旋涂到玻璃基片上，用扫描电镜观测了膜的厚度并计算了量子效率[95-99]。还利用氨基化的邻菲罗啉与甲基化的聚苯乙烯反应，同样得到了一系列键合型稀土杂化发光材料。最近Binneman发表了长篇综述，对杂化材料的研究进展做了非常详细地介绍[100]。

葡萄牙Carlos[101-110]研究组在杂化改性基质方面做出了相当杰出的工作。他们将不同链长的聚乙氧基二胺用三乙氧基硅基异氰酸丙酯加以修饰，得到分子型基质，然后选用钕的三氟甲磺酸盐，制备了两类被称为脲键和脲烷基键桥联的杂化材料，对材料内部结构加以分析，并对材料光物理化学性质进行了深入研究，研究发现杂化材料具有硅基质引发的非常强的蓝-绿宽带发射，以及位于800～1 400 nm红外区的属于Nd^{3+}的三个f-f跃迁发射峰。此研究小组的重点在于通过大量的公式计算对材料的光物理性质进行详细地研究。

在构筑化学键合型的杂化发光材料领域中，国内张洪杰教授的研究小组做了大量的基础性的工作[111-118]，为推动这方面的研究做出了重大贡献。他们从分子修饰角度入手，分别对联吡啶和邻菲罗啉有机配体衍生物进行功能修饰，引入可水解聚合的硅氧基官能团，进一步通过溶胶-凝胶法形成含联吡啶及邻菲罗啉有机配体的硅氧网络，制备了一系列光学性能优异的杂化材料。研究表明，这种化学键合型的杂化材料能够提高发光体的含量及材料的稳定性。他们选择了β-二酮类有机配体，同时在邻菲罗啉分子改性中间体中首次引入 SBA-15 型介孔材料，制备了强键型稀土介孔杂化材料。目前，他们的重点放在了近红外区发光介孔杂化材料的光学性质的研究上。

同济大学闫冰课题组在对发光稀土配合物研究的基础上开展了对稀土杂化发光材料的构筑，目前已取得了一系列显著的成果[119-129]。他们提出了从配位化学基本原理出发，通过分子设计和化学修饰，提出了“桥分子”的概念，开拓了多条新的具有普适性的技术路线，采用了六种修饰路线（羟基修饰、氨基修饰、羧基修饰、巯基修饰、磺酸基修饰和亚甲基修饰）来构筑“多功能桥分子”，然后经过分子自组装过程得到由化学键连接的杂化分子材料的思路。类比高分子共聚反应，他们提出了无机聚合物前驱体分子共水解缩聚的概念，实现了多元稀土/无机/有机杂化分子材料体系的组装，并对所得到的材料形貌进行了系统分析，发现了一系列呈现均匀规则形貌且具有微米级甚至纳米级尺寸的，较高荧光寿命以及量子效率的杂化材料，为稀土发光材料开辟了崭新的领域和方向。

上述化学键合型杂化材料，由于稀土配合物与基质之间以强相互作用力（共价键、配位键或离子键等）相结合，因而是在分子水平上构筑杂化材料，材料中稀土离子的含量较高，微观形貌较规则，无相分离现象产生，发光中心很好的固定，发光性能也有了明显的改善。

(3) 基质为无机凝胶和有机聚合物的稀土杂化发光材料

以上物理掺杂型和化学键合型杂化材料都是由稀土配合物与无机硅

凝胶基质之间的强弱键作用构筑的，近年来由稀土配合物与含长碳链聚合物基质以及聚合物/硅凝胶基质之间的强弱作用构筑的杂化材料也逐渐引起了人们的关注。20 世纪 60 年代，测试出稀土 β-二酮配合物掺杂于聚合物中制备的杂化材料具有激光性质。Wolff 和 Pressley 掺杂 $Eu(TTA)_3$ 到聚甲基丙烯酸甲酯(PMMA)基质中，发现在 77 K 时，用氙灯在 340 nm 激发下，材料在 613 nm 附近具有强的受激发射[130]。刘峻峰等合成了一类新型的稀土配合物 Tb(*m*-benzoicacid)$_3$，通过将其掺杂到导电聚合物聚乙烯基咔唑 PVK 中，明显地改善了配合物的成膜性和导电性[131]。Okamoto 和 Ueba 等[132]通过高分子化学反应，制备了聚丙烯酸(PAA)、苯乙烯/丙烯酸共聚物(SAA)、1-乙烯基萘/丙烯酸共聚物(NAA)、甲基丙烯酸甲酯/甲基丙烯酸共聚物(MMA)、苯乙烯/马来酸共聚物(SMA)含 Sm，Eu，Tb，Dy，Er 的离聚体(Ionomer)。在研究其荧光性质中发现，聚合物粉末样品在紫外光照射下均发射出特征稀土离子荧光，且荧光波长不受基质影响，并且将 Eu^{3+} 离子直接与聚合物骨架或侧链相连，制备了包含聚合物的铕 β-二酮配合物，发现 Eu^{3+} 质量分数为 1%时，材料的荧光相对强度最大[133]。Binnemans 等[98]将稀土配合物 Ln(tta)$_3$(phen)与 Merrifield 树脂反应得到稀土高分子杂化材料，分别发现了 Eu^{3+} 的强的红光，并检测到 Sm^{3+}，Nd^{3+}，Er^{3+} 和 Yb^{3+} 的近红外区发光。Tang 等[134]将二苯甲酰甲烷配体加成到苯乙烯共聚丙烯酸离聚物配合物上，发现 Eu^{3+} 光致发光性能增强。张洪杰等[135]在硅胶和聚乙二醇基质中掺杂铕配合物，得到的荧光寿命和机械性能都明显提高的杂化材料。闫冰等[136]把铽芳香羧酸配合物掺杂在聚甲基丙烯酸乙酯薄膜中，随着铽配合物与聚合物比例的增加，杂化材料的荧光性能增强，且没有出现浓度猝灭效应。Gao 等[137]把稀土 β-二酮类配合物 RE(DBM)$_3$phen 掺杂在不同分子量的聚甲基丙烯酸甲酯中，研究发现在配合物占总质量的 5%以及聚合物的分子量为 350 000 g/mol 时，杂化材料的发光性能最好。

1.3.3 稀土杂化发光材料研究展望

无机/有机杂化材料实现了有机功能组分和无机基质的分子级别复合，兼具两类材料性能的特点，同时结合稀土元素自身的优异发光性能，为制备更加优异的光功能材料提供了条件。稀土杂化发光材料在化学和物理领域将是一个成果颇丰的研究方向，其研究进展极大地依赖于无机化学、聚合化学和有机化学的研究，表明了化学在先进材料发展中的核心地位。今后的研究工作主要集中在以下三个方面：杂化材料发光性能方面的改进；杂化材料产品形貌控制以及发光器件的加工；杂化材料制备工艺方面的改进。

(1) 在杂化材料发光性能上的改进将集中在三个方面，分别是体系骨架的改进(机械完整性、透明度、热传导率、减少光学损失)，在发色基团特点上的改进(化学、热和光化学稳定性以及高光学功效)和在发色基团和体系之间相互作用控制方面的改进。

(2) 对于杂化发光材料产品来说，一方面需要研究性能更好的新型发光材料，另一方面则是对粒径分布均匀无需球磨的发光材料的应用研究。

(3) 在杂化材料制备工艺方面的改进主要与在制备过程中所选取的结构单元属性、制备过程中模板(或添加剂)的选择以及反应条件的控制有关。有机无机组分之间的相互作用将在设计高度均匀有序的杂化结构中扮演重要的角色。

1.4 研究的主要内容和意义

近年来，稀土无机/有机功能杂化发光材料研究取得了飞速的进展，但是通过以上的介绍，我们发现目前的稀土发光功能杂化材料是由具有良好光性能的稀土有机配合物，具有光、热化学稳定性的无机凝胶基质以及具有良好的透明性、延展性、易加工性的低价长碳链聚合物中的二者或者三者通过弱的作用力的形式制备的，而将三者同时以强的作用力的形式构筑在同一个基元中制备的多元稀土/无机/有机/高分子杂化发光材料的研究却少见报道。

因此，本书采取三种方式(配位、水解缩聚和自由基加聚)将长碳链聚合物引入到杂化材料骨架中，通过强化学键嫁接的形式将稀土配合物、无机基质和聚合物三者同时组装在同一个单元中，系统地探讨了存在于稀土配合物与无机基质、聚合物三者之间的强的共价化学键与源于有机聚合物模板和无机硅氧网络模板的自组装效应的相互协同作用，并且探索了带有不同的有机配体，长碳链聚合物以及不同的中心离子，通过不同的制备方式对最终杂化材料的微观形貌、荧光性能和热稳定性的影响。我们致力于稀土/无机/有机/高分子多元杂化材料的合成、表征及性能研究，这些研究结果将来可能会对功能杂化材料的应用开发具有重要的意义，并且有望在今后的多功能器件的设计和生产方面得到广泛的应用。

第2章 实验部分

2.1 实验思路和设计

选取具有优良配位能力与光学性能的有机分子，通过化学修饰设计构筑多功能分子桥前驱体，进一步选取具有不同官能团的高分子聚合物进行修饰，借鉴稀土配位化学原理及自组装原理，通过不同的嫁接方式，利用溶胶-凝胶的软化学方法组装构筑了一系列化学键(共价键、配位键)连接的多元稀土/无机/有机/高分子杂化发光材料体系。在此基础上，依据能级匹配原理，对所制备的杂化材料体系进行能量传递机理的探讨和研究。在制备工艺方面，探讨溶胶凝胶法制备过程与材料形貌、内部结构以及功能属性等方面的联系，期待通过改进制备工艺，提高材料的性能。

2.2 实验试剂及仪器

实验所用的主要化学试剂详见各章实验部分。

实验所用的反应及制备仪器主要有 92 - 2 型恒温磁力搅拌器、薄层色谱硅胶板、全自动电光天平、回流冷凝管、三颈烧瓶、移液管、滴管、旋转蒸发仪、离心分离机、减压蒸馏装置、真空干燥箱、高纯氩气、水泵等。

2.3　主要表征和测试手段

主要表征和测试手段见表 2－1。

表 2－1　主要表征和测试手段

序号	表　征	测　试　手　段
1	核磁数据	核磁数据由 Bruker Avance－400 核磁共振波谱仪测定。
2	红外光谱	红外光谱数据由 Nicolet Nexus912A 型傅里叶红外吸收光谱仪测定。固体样品采用溴化钾压片技术，液体样品采用直接涂抹于溴化钾压片上的方式测定
3	紫外吸收光谱	紫外吸收光谱由 Agilent 8453 型紫外吸收光谱仪测定。紫外光源为氘灯。液体样品使用 1 cm 石英液体池
4	紫外可见漫反射	紫外可见漫反射(UV－Vis－DRS)数据由 BWSpec 3.24u_42 光谱仪测定
5	扫描电镜图片	扫描电镜图片由 Philps XL－30 场发射扫描电子显微镜测定
6	X-射线粉末衍射数据	X-射线衍射数据由 Bruker D8 X-射线衍射仪(40 mA_40 kV，Cu 靶 Kα1 射线波长为 λ=1.54 Å)测定
7	差热和热重数据	热重(TG)和差热(DSC)数据在 NETZSCH STA 499C 热分析仪(10 K/min，N_2，40 mL/min)上测定
8	磷光光谱	磷光光谱由 LS－55 型光谱仪测定(77 K)
9	荧光光谱	荧光光谱由 RF－5301 型稳态荧光光谱仪测定
10	荧光寿命数据	荧光寿命在 Edinburgh FLS920 型光谱仪(450 W 氙灯激发，脉冲宽度 3 μs)上测得

2.4 本书改性桥分子和聚合物前驱体结构及其简写

本书改性桥分子和聚合物前驱体结构及其简写见图 2－1。

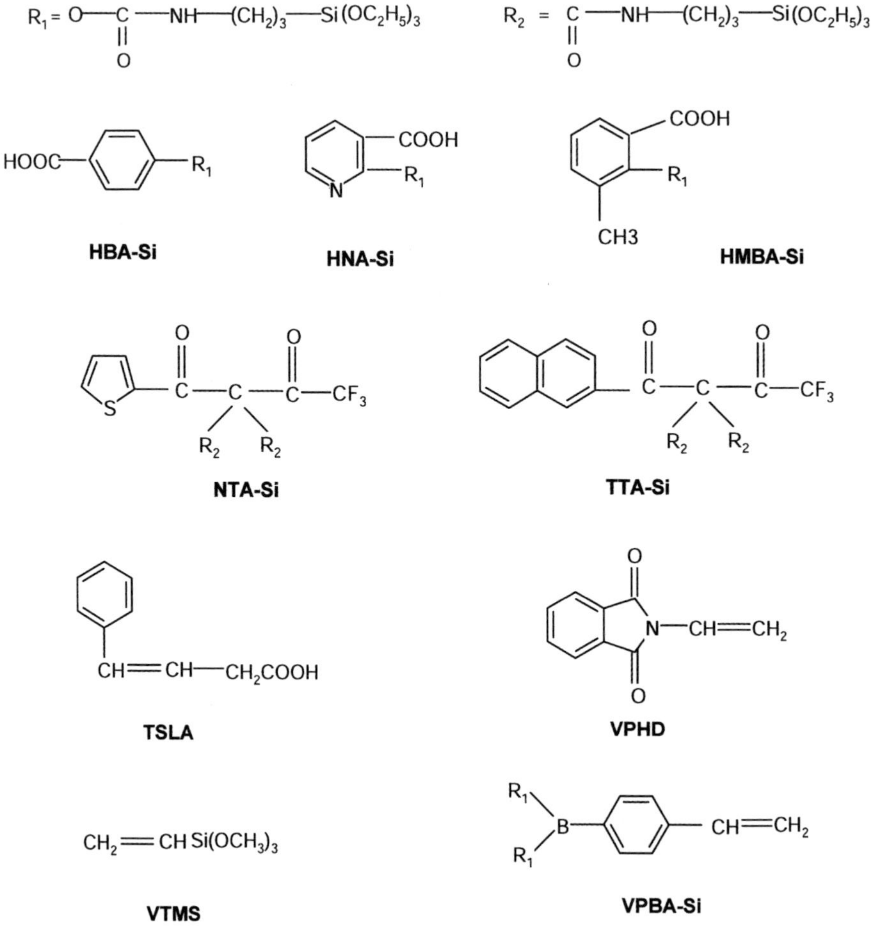

$R_1 = O{-}C({=}O){-}NH{-}(CH_2)_3{-}Si(OC_2H_5)_3$

$R_2 = C({=}O){-}NH{-}(CH_2)_3{-}Si(OC_2H_5)_3$

HOOC　R_1

HBA-Si

COOH　N　R_1

HNA-Si

COOH　R_1　CH3

HMBA-Si

O　O　S　C　C　C　CF_3　R_2　R_2

NTA-Si

O　O　C　C　C　CF_3　R_2　R_2

TTA-Si

CH=CH—CH_2COOH

TSLA

O　N—CH=CH_2　O

VPHD

CH_2=CH Si$(OCH_3)_3$

VTMS

R_1　B　R_1　CH=CH_2

VPBA-Si

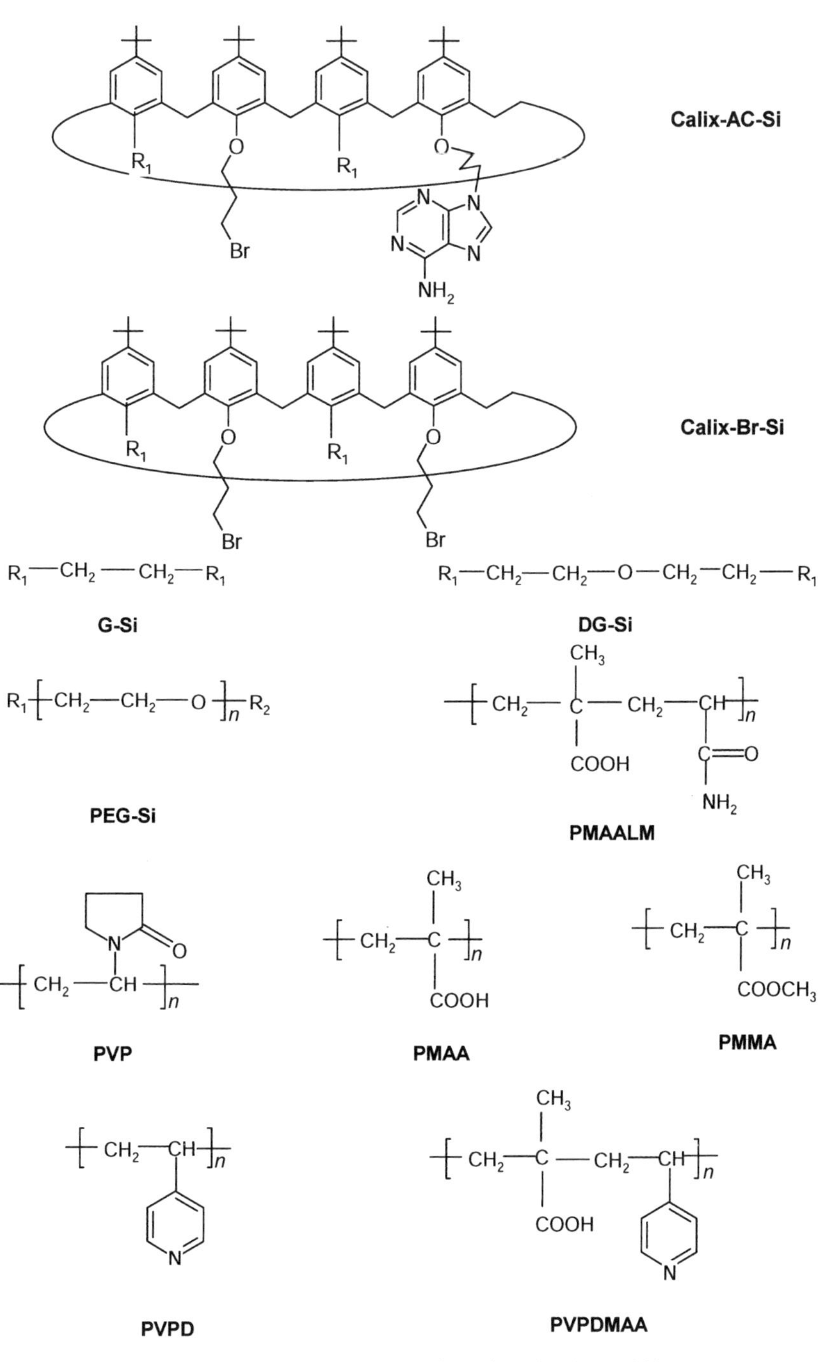

图 2-1　本书改性桥分子和聚合物前驱体结构及其简写

第3章 基于配位嫁接方式制备含氮杂环类、芳香羧酸类、β-二酮类、杯芳烃衍生物类多元稀土/无机/有机/高分子杂化发光体系

3.1 引　　言

芳香羧酸和杂环羧酸已经被公认为是能够与稀土离子较好配位的一类有机配体。配体的三重态能级和稀土离子的共振发射能级存在较好的能级匹配，通过天线效应，将有机配体吸收的能量有效传递到稀土离子激发态，能够大大增强稀土离子的发光强度，从而达到构筑发光性能优异的稀土发光体系的目的。β-二酮配体中的亚甲基非常活泼，由于受到双重羰基吸引电子的氧原子的影响，容易发生各种反应。这类配体与稀土离子构筑的配合物中存在着从β-二酮配体到稀土离子的高效能量传递，而具有极高的发光效率，并且它们与稀土离子形成稳定的六元环，直接吸收激发光并有效的传递能量。杯芳烃作为继冠醚和环糊精之后的新一代人工合成的超分子受体，它具有以下明显的优越性：杯芳烃既可以输送金属阳离子，又能与中性小分子、无机小分子等形成主客体络合物，易于化学改性，进而引入不同的功能基团，可形成一系列大小不等的环状低聚物，其熔点较高，热稳

定和化学稳定性较好。在此基础上在杯芳烃母体骨架上引入某种特定的核苷碱基识别基团的衍生物，对特定的核苷、碱基或核酸的特定位点具有分子识别能力，进而实现定点切割作用，为开发出新型的核苷酸定点切割试剂和核苷酸的仿酶催化试剂提供指导。因此，本章实验选取了氮杂环羧酸、芳香羧酸、β-二酮、四叔丁基溴丙氧基杯芳烃衍生物有机配体，利用含缺电子中心基团的三乙氧基硅基异腈酸丙酯对配体中的羟基或亚甲基进行化学改性构筑桥分子，同时选取带有配位基团的单体通过自由基加聚反应合成长碳链聚合物，通过配位、水解共缩聚过程等反应使稀土配合物、硅氧网络与长碳链聚合物三者以强作用力形式构筑于同一个基元中，构筑稀土多元杂化材料，并且系统地研究了材料的微观形貌、热稳定性和发光性能，以及不同的配体或聚合物对杂化材料性能的影响。在这类材料中长碳链聚合物是通过配位方式，利用自身的配位基团与稀土离子作用，从而将稀土离子作为中介，引入到无机硅氧网络基元中的。聚合物的引入补足了配位数，降低了配位水分子中羟基引起的能量猝灭效应，另外参与了能量吸收传递过程，自身的刚性平面的引入增强了材料的结构稳定性，因此，稀土无机/有机/高分子三元杂化材料具有优异的光、电、磁性质，在功能材料领域有广阔的应用前景。

3.2 氮杂环类、芳香羧酸类、β-二酮类、杯芳烃衍生物类二元及三元稀土/无机/有机/高分子杂化发光材料的制备

3.2.1 实验试剂及仪器

聚乙烯吡咯烷酮(PVP，分子量 8 000～10 000)、甲基丙烯酸(MAA)、甲基丙烯酸甲酯(MMA)、丙烯酰胺(MAALM)、4-乙烯基吡啶(VPD)、氢化钠、丙酮、四氢呋喃、正硅酸乙酯、无水乙醇、N，N-二甲基甲酰胺等试剂

购买自国药集团化学试剂有限公司。2-羟基烟酸(HNA)、对羟基苯甲酸(HBA)、噻吩甲酰三氟丙酮(TTA)、β-萘甲酰三氟丙酮(NTA)、三乙氧基硅基异氰酸丙酯(TEPIC)购买自 Lancaster 公司。硝酸铽($Tb(NO_3)_3$)与硝酸铕($Eu(NO_3)_3$)均由相应的氧化物溶于硝酸而制得。5,11,17,23-四叔丁基-25,27-二羟基-26,28-溴丙氧基杯[4]芳烃(Calix-Br)以及5,11,17,23-四叔丁基-25,27-二羟基-26-(1-(9-腺嘌呤)-丙氧基)-28-溴丙氧基杯[4]芳烃(Calix-AC)的合成参照了张海燕等的文章[138-140]。

实验分析及测试仪器详见第2章实验部分。

3.2.2 合成路线

(1) 含长碳链聚合物的制备

向容量为100 mL的三颈瓶中加入有机单体,接着注入20 mL N,N-二甲基甲酰胺作为反应溶剂,在氩气保护下搅拌至其溶解,然后加入单体质量的1%的引发剂过氧化苯甲酰(BPO),加热至相应的温度,整个反应溶液在氩气保护下搅拌数小时,冷却后,减压蒸去溶剂,最后得到黏稠状的液体聚合物。具体的反应条件见表3-1。

表3-1 聚合物前驱体制备实验反应条件及各试剂用量

聚合物	单体	用量/mmol	反应时间/h	反应温度/℃	分子式	产率
PMAA	MAA	2	5	70	$[C_4H_6O_2]_n$	75%
PVPD	VPD	2	10	70	$[C_7H_7N]_n$	70%
PMMA	MMA	2	5	70	$[C_5H_8O_2]_n$	75%
PMAALM	MAA, MAALM	2, 2	8	70	$[C_7H_{11}NO_3]_n$	70%
PVPDMAA	MAA, VPD	2, 2	10	70	$[C_{11}H_{13}NO_2]_n$	75%
PVP		2			$[C_9H_9NO]_n$	

图3-1给出了含长碳链聚合物聚甲基丙烯酸PMAA的合成路线。

将上述合成的聚合物溶于无水乙醇和N,N-二甲基甲酰胺混合溶剂中备用。

(2) 羟基修饰有机配体桥分子的制备

向容量为100 mL的三颈瓶中加入一定量的有机配体,加入30 mL溶剂,氩气保护下搅拌至其溶解,加热至回流,然后将相应量的偶联剂三乙氧基硅基异氰酸丙酯偶联剂逐滴加入,整个反应溶液在氩气保护下加热至相应反应温度,搅拌数小时,冷却后,减压蒸去溶剂,最后得到油状液体桥分子。具体的有机配体和偶联剂用量,反应时间,温度,溶剂以及产率见表3-2。图3-1给出了羟基修饰2-羟基烟酸桥分子HNA-Si的合成路线及预测结构示意图。

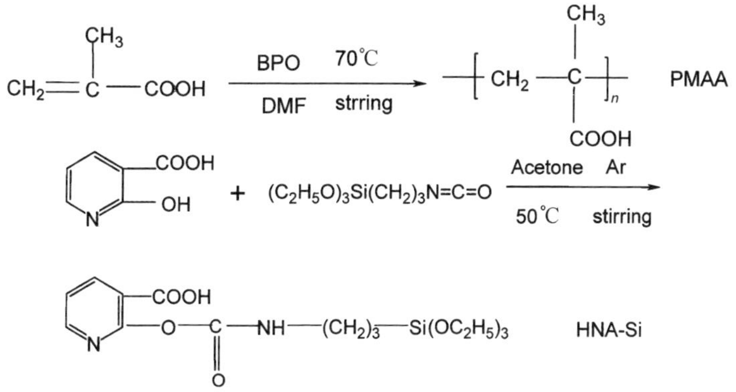

图3-1　聚甲基丙烯酸PMAA、桥分子HNA-Si的合成路线及预测结构

(3) 稀土二元杂化发光材料的制备

将上述制备的桥分子溶解在20 mL无水乙醇中,加入相应量的稀土硝酸盐,调节混合溶液的pH值为中性。将上述溶液在电磁搅拌下反应4 h,然后加入4 mmol(0.833 g)正硅酸乙酯(TEOS)。滴加1滴稀盐酸促进水解缩聚反应。搅拌反应4 h后加入少量六亚甲基四氨调节溶液的pH值至

6 左右。将上述溶液继续搅拌反应 10 个小时直到凝胶的生成，将所得的略微发黏的胶体置于 60～70℃的烘箱中进行陈化和干燥 4～7 d，得到均匀透明的浅黄色厚膜，最后将其研磨成粉末进行测定表征。图 3－2 给出了基于 2－羟基烟酸、噻吩甲酰三氟丙酮以及杯[4]芳烃衍生物桥分子的稀土二元杂化材料(HNA－Si－RE，TTA－Si－RE，Calix－AC－Si－RE)的合成路线及预测结构示意图。

表 3－2　功能桥分子制备实验的反应条件及各试剂用量

有机配体	桥分子	用量/mmol	反应时间/h	反应温度/℃	分子式	溶剂	产率
HNA	HNA－Si	3	13	50	$[C_{16}H_{26}N_2O_7Si]_n$	丙　酮	70%
HBA	HBA－Si	3	13	50	$[C_{17}H_{27}NO_7Si]_n$	丙　酮	70%
TTA	TTA－Si	3	12	65	$[C_{28}H_{47}O_{10}F_3N_2Si_2S]_n$	四氢呋喃	75%
NTA	NTA－Si	3	12	65	$[C_{34}H_{51}O_{10}F_3N_2Si_2]_n$	四氢呋喃	75%
Calix[4]－Br	Calix－Br－Si	2	18	60	$[C_{70}H_{108}O_{12}Br_2N_2Si_2]_n$	四氢呋喃	70%
Calix[4]－AC	Calix－AC－Si	2	18	60	$[C_{75}H_{112}O_{12}BrN_7Si_2]_n$	四氢呋喃	65%

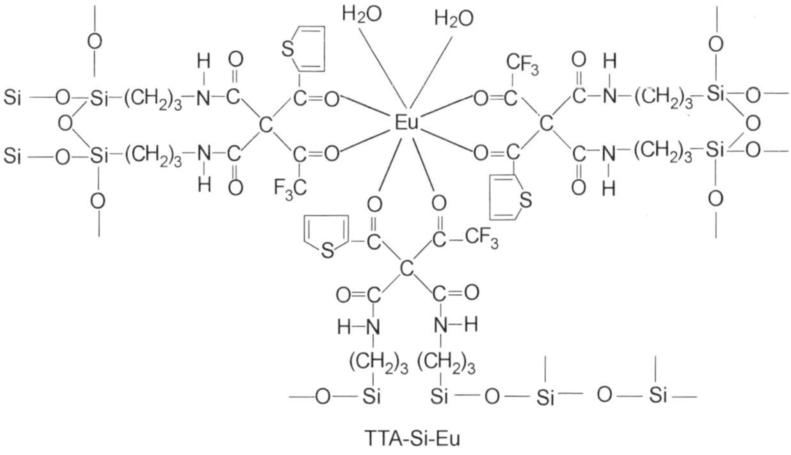

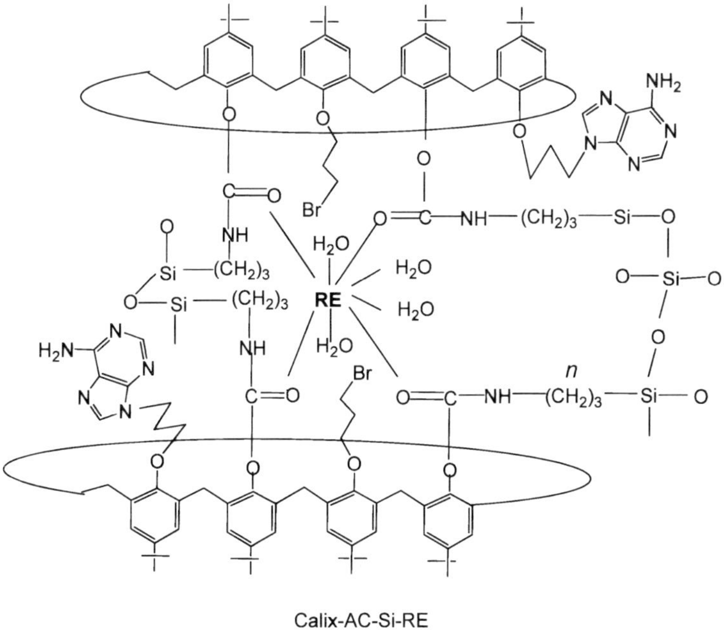

TTA-Si-Eu

Calix-AC-Si-RE

图 3-2　稀土二元杂化材料(HNA-Si-RE, TTA-Si-RE, Calix-AC-Si-RE)的合成路线及预测结构示意图

(4) 稀土三元无机/有机/聚合物三元杂化发光材料的制备

将上述制备的桥分子溶解在 20 mL 无水乙醇中，加入相应量的稀土硝酸盐，调节混合溶液的 pH 值为中性。将上述溶液在电磁搅拌下反应 2 h，然后加入上述备用的聚合物溶液，微热搅拌至溶解，继续搅拌 3 小时后，依次加入 4 mmol(0.833 g)正硅酸乙酯(TEOS)和 1 滴稀盐酸来促进水解缩聚反应。搅拌反应 4 h 后加入少量六亚甲基四氨调节溶液的 pH 值至 6 左右。将上述溶液继续搅拌反应 10 h 直到凝胶的生成，将所得的略微发黏的胶体置于 60～70℃的烘箱中进行陈化和干燥 4～7 d，得到均匀透明的浅黄色厚膜，最后将其研磨成粉末进行测定表征。具体的有机配体和偶联剂用量，反应时间，温度，溶剂以及产率见表 3-3。图 3-3 给出了基于 2-羟基烟酸、噻吩甲酰三氟丙酮以及杯[4]芳烃衍生物桥分子稀土三元杂化材料(HNA-Si-RE-PVP, TTA-Si-RE-PMAA, Calix-AC-Si-RE-PVPD)的合成路线及预测结构示意图。

表 3-3　三元杂化材料制备反应条件及各试剂用量

桥分子	中心离子及用量	聚合物	桥分子：中心离子：聚合物	简写式
HNA-Si	Eu, Tb (1 mmol)	PMAA, PVP, PMAALM	3：1：1	HNA-Si-RE-PMAA/PMAALM/PVP
HBA-Si	Eu, Tb (1 mmol)	PMAA, PVP, PMAALM	3：1：1	HBA-Si-RE-PMAA/PMAALM/PVP
TTA-Si	Eu, Tb (1 mmol)	PMAA, PVPD PVPDMAA	3：1：1	TTA-Si-RE-PMAA/PVPD/PVPDMAA
NTA-Si	Eu (1 mmol)	PMAA, PVPD PVPDMAA	3：1：1	NTA-Si-RE-PMAA/PVPD/PVPDMAA

续　表

桥分子	中心离子及用量	聚合物	桥分子：中心离子：聚合物	简　写　式
Calix-Br-Si	Eu，Tb，Nd，Zn（1 mmol）	PVPD，PMMA	2：1：1	Calix-Br-Si-RE/Zn-PVPD/PMAA
Calix-AC-Si	Eu，Tb，Nd，Zn（1 mmol）	PVPD	2：1：1	Calix-AC-Si-RE/Zn-PVPD

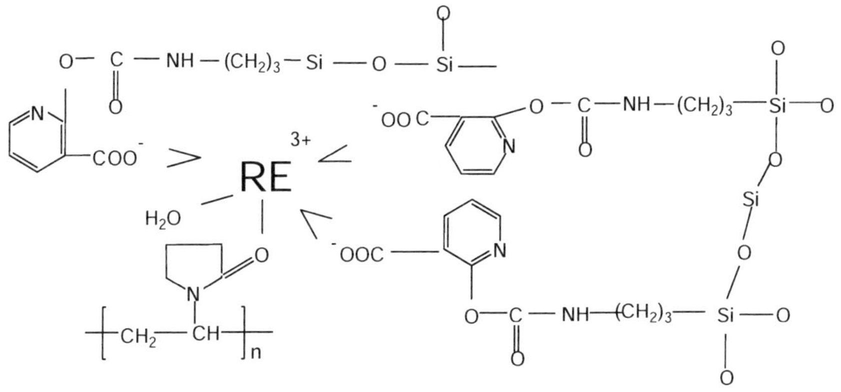

HNA-Si-RE-PVP

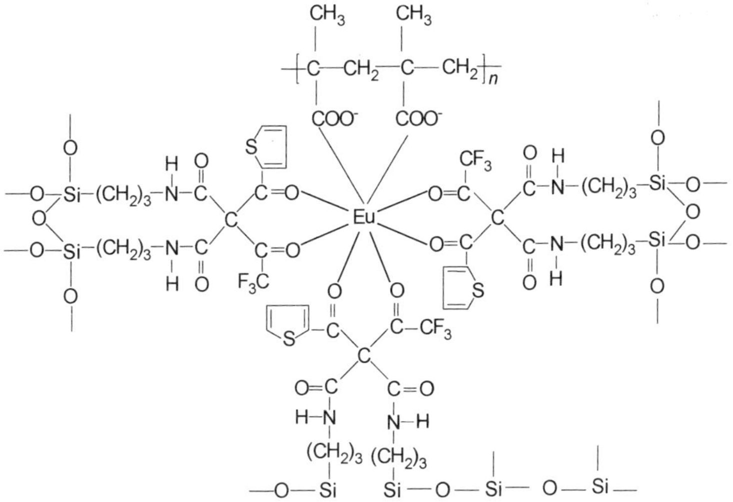

TTA-Si-Eu-PMAA

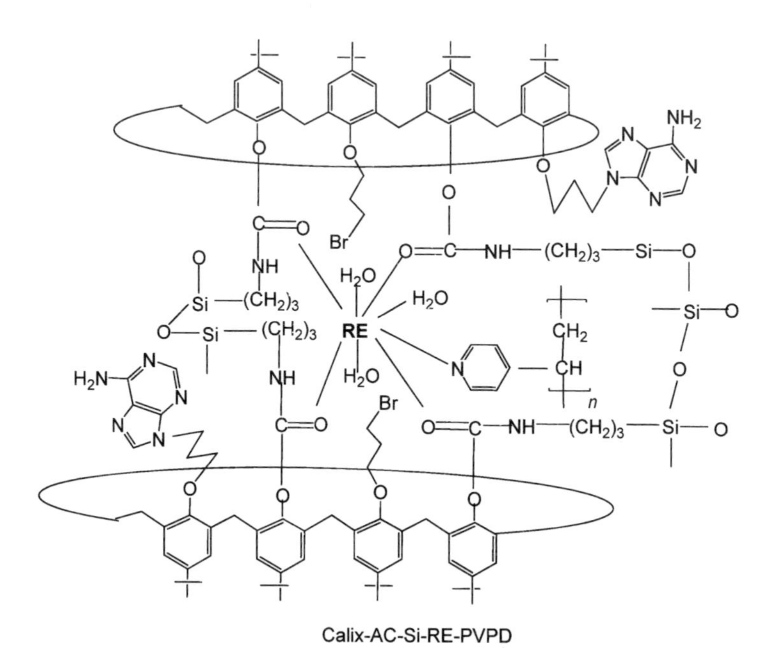

图 3-3　稀土三元杂化材料(HNA-Si-RE-PVP, TTA-Si-RE-PMAA, Calix-AC-Si-RE-PVPD)的预测结构示意图

3.3　结果与讨论

3.3.1　基于 2-羟基烟酸桥分子及稀土二元、三元杂化材料的表征

(1) 核磁数据

桥分子 HNA-Si[$C_{16}H_{26}N_2O_7Si$](溶剂为氘代 DMSO)氢核磁数据如下：δ 0.42(2H, *t*), 1.62(2H, *m*), 2.52(9H, *t*), 3.21(2H, *t*), 3.43(6H, *m*), 5.98(1H, *t*), 6.71(1H, *d*), 7.95(1H, *d*), 8.42(1H, *d*), 12.41(1H, *s*)。

氢核磁数据表明了桥分子中氢原子的数目以及多种氢原子所处的化学环境,可以证明氢转移反应的进行和桥分子的制备成功。2-羟基烟酸中—OH基团信号的消失以及—CONH—基团信号的出现说明了三乙氧基硅基异氰酸丙酯的N═C═O基团完全参加了反应。此外，与硅相连的乙氧基基团的化学位移数据以及峰的裂分化学信号证明了在制备过程中桥分子并没有发生水解反应。

(2) 红外光谱

图3-4给出了2-羟基烟酸有机配体HNA(A)，稀土二元杂化材料HNA-Si-RE(B)和含聚甲基丙烯酸稀土三元杂化材料HNA-Si-RE-PMAA(C)的红外光谱图。从图中我们可以清晰地看到，a图中位于1 728 cm^{-1}处的尖锐吸收峰来自2-羟基烟酸中羧基的伸缩振动峰，在合成杂化材料之后，在b图中移动至1 585 cm^{-1}，在c图中移动至1 630 cm^{-1}，说明羧基与稀土离子发生了配位反应。位于b图中1 643 cm^{-1}，c图中1 660 cm^{-1}处的吸收峰来自羰基的伸缩振动峰，以及位于3 350～3 480 cm^{-1}处的仲胺基伸缩振动峰，证明了—CONH—基团的存在。位于1 239 cm^{-1}(B)和

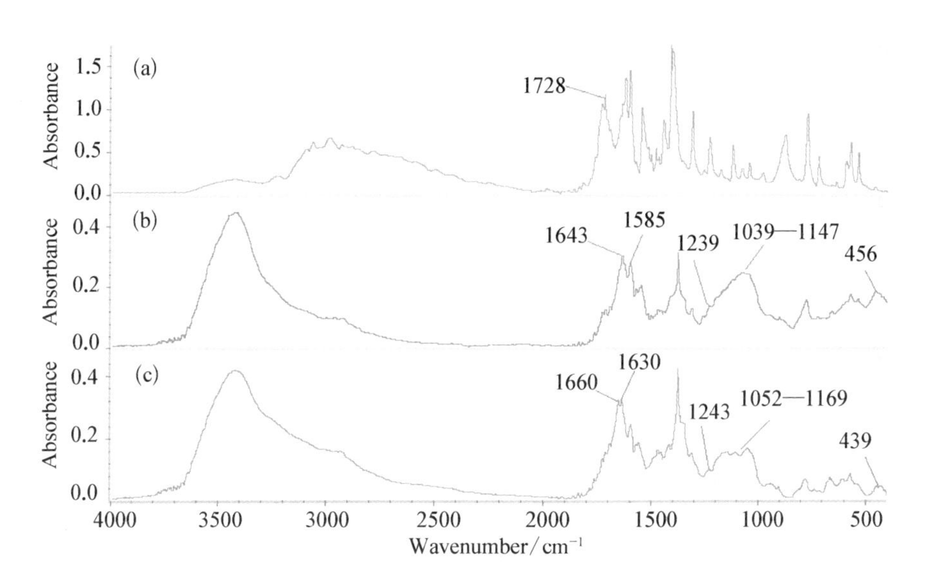

图3-4　配体HNA(a)，二元HNA-Si-RE(b)及三元HNA-Si-RE-PMAA(c)杂化材料红外光谱

1 243 cm^{-1} (c)处的 Si—C 键的伸缩振动吸收峰，没有发生劈裂，以及位于 1 039～1 147 cm^{-1}(b)和 1 052～1 169 cm^{-1}(c)处的 Si—O 键的伸缩振动吸收峰证明了硅氧网络骨架的存在。另外，b 和 c 图中位于 2 975 cm^{-1} 的弱的宽带峰来自三乙氧基硅基异氰酸丙酯的三个亚甲基的伸缩振动，同时在 2 200～2 400 cm^{-1}区间内没有发现明显的 N ═ C ═O 基团的伸缩振动吸收峰，这充分证明三乙氧基硅基异氰酸丙酯已充分发生反应。

(3) 紫外光谱

图 3－5 是有机配体 HNA(A)，桥分子 HNA－Si(B)，稀土二元 HNA－Si－RE(C) 及含聚甲基丙烯酸三元杂化材料 HNA－Si－RE－PMAA(D)紫外光谱图。从图中可以看出，HNA 的紫外吸收峰位于 243 nm 和 325 nm 处，当经过氢转移反应后，桥分子 HNA－Si 的吸收峰移至 253 nm 和 325 nm 处，且峰型发生了变化，短波长处的峰强度增大，长波长处的峰强度减小，二者的 $\pi\rightarrow\pi^*$ 电子跃迁发生微小的变化，电子基态与激发态之间的能级差也相应地发生了变化，证明了氢转移反应的发生以及桥分子的成功制备。而 HNA－Si－RE 仅在 322 nm 处存在一个宽吸收峰，说明桥分子参与配位，配位反应改变了桥分子周围的电子排布，因此在紫外吸收光谱上表现为峰位置的移

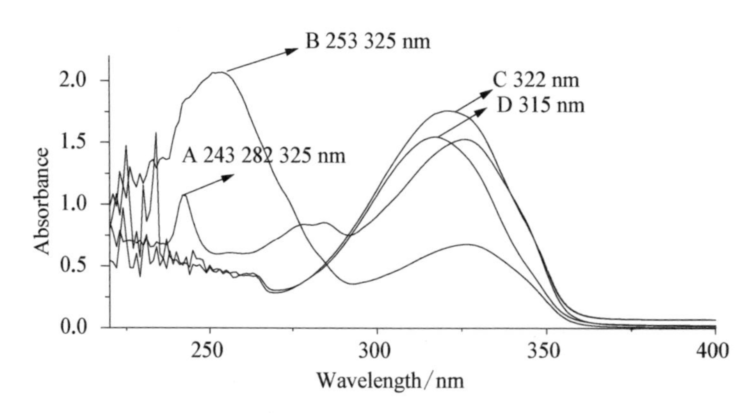

图 3－5 配体 HNA(A)，桥分子 HNA－Si(B)，二元 HNA－Si－RE(C)及三元 HNA－Si－RE－PMAA(D)杂化材料紫外光谱

动以及峰型的改变。HNA-Si-RE-PMAA 的吸收峰移至 315 nm,说明当聚甲基丙烯酸参与配位后,影响了原二元杂化材料中的广域共轭平面,使得 $\pi\rightarrow\pi^*$ 电子跃迁受阻,电子基态与激发态之间的能级差变大,从而发生了蓝移现象。以上证明了桥分子以及二元、三元杂化材料的成功制备。

(4) X-射线粉末衍射

从杂化材料的X-射线粉末衍射图3-6中我们可以看出,所得到的二元或三元体系的材料整体上都是无定形形态的。所有材料的X-射线谱图在 $2\theta=21°$ 附近都表现出一个比较弱的宽峰,这是无定形的硅基材料的一个典型特征[141-143]。比较二元体系与三元体系的X-射线谱图,我们发现二元体系中仍残留一些弱的尖锐峰,这可能是由于在溶胶向凝胶转化的过程中局部水解缩聚不均匀产生的一些小的有晶相结构的聚集体的出现。对于三元体系,由于聚甲基丙烯酸的加入,形成了更加稳定的八配位结构,促进了水解缩聚在外围均匀进行,从而使得水解缩聚过程能够更深入彻底地发生,有效阻止了小聚集体的形成,而且整个杂化材料中的有机组分的增多会限制无机相晶相结构的产生,因而在X-射线谱图上更多地表现了无定形硅基材料的特征。在整个X-射线谱图中没有任何的结晶区域,再次证明了我们所得到的材料是分子层次的杂化材料。

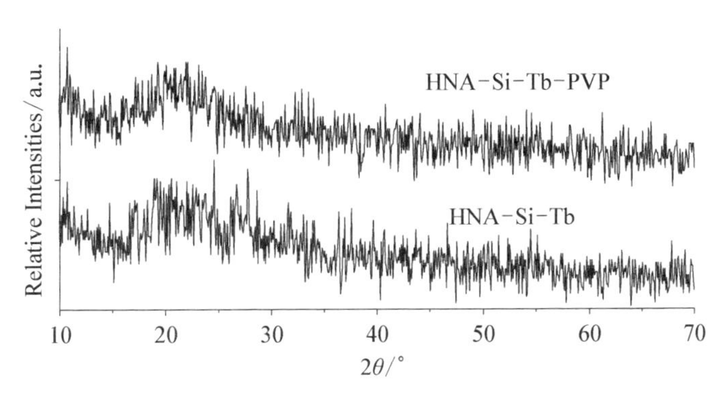

图3-6 稀土二元 HNA-Si-Tb 及三元 HNA-Si-Tb-PMAA 杂化材料的 XRD 图

(5) TG 分析

为研究所得的杂化材料的热力学行为,我们采用差示扫描量热法及热重分析对所得材料的热力学稳定性进行了表征。图 3-7 给出了稀土二元 HNA-Si-Eu(a)和含聚甲基丙烯酸三元 HNA-Si-Eu-PMAA(b)杂化材料的 TG-DSC 图。从图中看出,二元 HNA-Si-Eu 杂化材料在 211℃左右有大约 20%的失重,在 DSC 上表现为一个明显的放热反应。这可能是由于杂化材料表面吸附的 DMF 溶剂以及部分参与配位的 DMF 溶剂小分子的存在。之后材料再无明显的失重过程,缓慢失去有机组分,最终杂

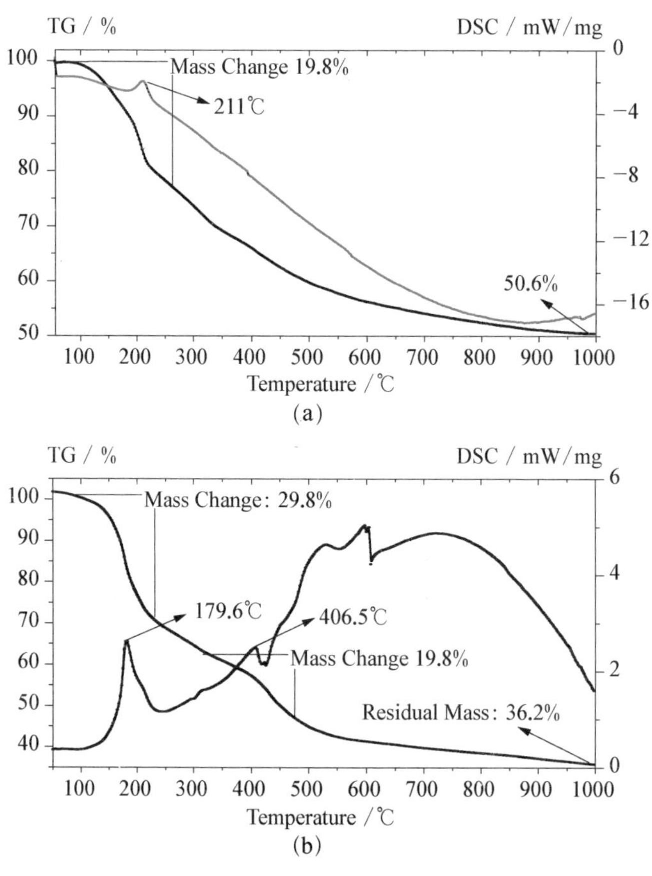

图 3-7 稀土二元 HNA-Si-Eu 及三元 HNA-Si-Eu-PMAA 的 TG-DSC 图

化材料在1 000℃左右时失去所有有机组分，只剩下无机组分(50.6%)。而在三元材料中，在180℃左右出现30%的失重，同样可能是由于杂化材料中存在的DMF溶剂小分子的失去。由于聚甲基丙烯酸的加入，有机组分在杂化材料中的比例增多，大约占36%，从图中明显看到在400℃左右出现20%的失重，是由于杂化材料中有机碳链和有机芳香羧酸配体中有机组分的热解造成的，主要包括Si—C、C—C以及C—N键的断裂[144]。杂化材料在400℃以上的失重可能是由于Si—O骨架中的硅烷醇进一步缩聚造成的。综合二元体系和三元体系的TG-DSC图我们可以发现，在加入聚合物的三元体系中，明显看到400℃左右有机组分的热解，说明聚甲基丙烯酸的加入影响了中心稀土离子周围的配位环境，进一步决定了材料的热力学稳定性。

(6) 扫描电镜

图3-8给出了稀土二元HNA-Si-Tb(A)/Eu(B)、含甲基丙烯酸HNA-Si-Tb(C)/Eu(D)-PMAA、聚(甲基丙烯酸-丙烯酰胺)HNA-Si-Tb(E)/Eu(F)-PMAALM及聚乙烯吡咯烷酮HNA-Si-Tb(G)/Eu(H)-PVP三元杂化材料的SEM图。从三种杂化材料的扫描电镜图片中看出，由于无机组分与有机配体、有机聚合物三者通过水解缩聚作用以及与稀土离子的配位作用连接起来，三者之间存在着共价键或配位键的强作用力，因此无机组分和有机组分之间没有出现两相分离的现象，初步实现了制备以共价键为主要作用力的杂化材料的构想[145,146]。

对于二元杂化体系，材料的表面均匀分布着棒体或长方体状的颗粒结构，长、宽、高分别约为2 μm，1 μm，1 μm。配体HNA只有一个羧基，在羟基被修饰后，羧基成为配位基团，而且由于苯环上的取代基少，配位时空间位阻不大，配合物易形成低维结构，另外均匀的硅氧网络水解缩聚也易于形成一维链状的条纹状结构，因此，最终的杂化材料显示了一维长方体状结构。由于稀土离子的半径有所不同，杂化材料的配位基元的空间结构也略有不同，因此最终杂化材料具有的颗粒形状有着细微的差别。对于含有聚合物的三元杂化材料而言,带有长碳链的聚合物的加入,由于自身较大的空间结构,影响了稀土离子周围的配位环境,进而影响了杂化材料的微观形貌。

图(C)中,材料表面均匀分布着长条的树枝状结构,在树枝状结构的表面也覆盖着一些透明的长方形的片状结构,长、宽、高约为 20 μm,10 μm,1 μm。图(D)的材料同样显示了长条的树枝状结构,不同的是树枝状结构的表面上均匀分布着直径为 4~10 μm 大小的圆形褶皱和突起(D1 和 D2)。从放大的照片上看来(D3 和 D4),这些平面圆形突起表面覆盖着更小的颗粒,中心区域还有大小不等的小孔,这些孔主要是由于长碳链聚合物与硅凝胶的热膨胀系数不同,热解时发生扭曲拉扯造成的,另外热解时溶剂小分子的逃逸也是其中一个原因。图(D5)和图(D6)中,材料的一个平面上均匀分布着直径为5 μm的立体圆球状结构,大小与图(D3)中的平面圆形突起相近,因此我们推断,在某些侧面上由于结构或者环境的优势,利于立体圆球的生长,因此这些平面的圆形突起就逐渐长成为均匀的立体圆球;其他平面由于缺乏生长时间以及较差的生长环境仅有平面突起的存在,或者材料的每个平面上都均匀分布着有立体圆球,但是大部分在收集研磨过程中被损坏。图(E)和图(F)中材料表面呈现出无限延伸的一维树枝状结构,可能由于聚合物 PMAALM 是由两种单体加聚而成,相比单聚物 PMAA 来说,在一个配位单元内其空间构型体积较大,因此使得材料沿着一个方向形成体积相对较小的长条树枝状结构。

图(G)中材料与图(C)中的类似,表面分布着层状结构,在层状结构的表面也覆盖着一些透明的长方形的片状结构,长、宽、高约为 5 μm,3 μm,1 μm,这是因为材料 HNA - Si - Tb - PMAA 和 HNA - Si - Tb - PVP 所含的中心离子一样,但是聚合物不同,PVP 的空间构型体积比 PMAA 大,因此在一个配位单元内空间位阻较大,形成的透明长方形片状结构的尺寸就相对较小。图(H)中材料与图(D)中的类似,不同在于图(H)表面形成的条形棒状结构,同样是由于 PVP 的空间构型体积比 PMAA 大,因此使得材料沿着一个方向，形成体积相对较小的条形棒状结构。图(G)与图(H)中材料微观形貌的不同，再次证明了即使具有同样的配体的杂化材料，不同的中心离子也会对其微观形貌产生一定的影响。

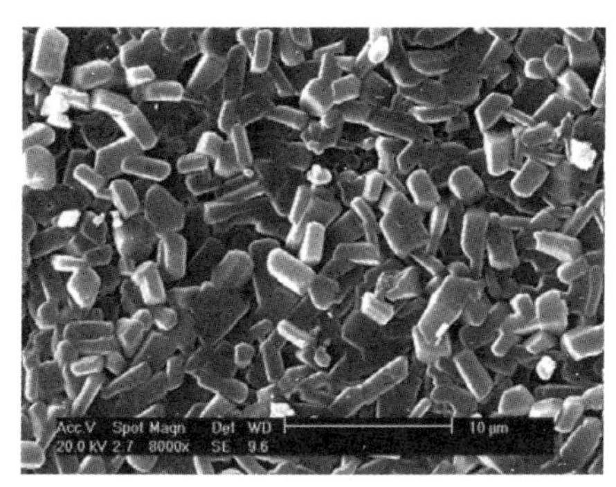

(A)

(B)

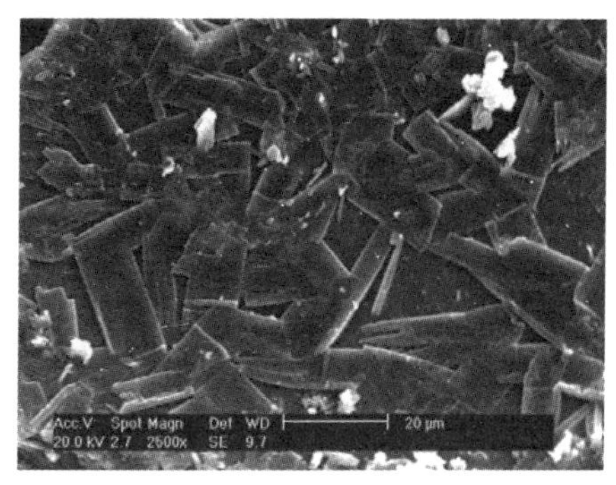

(C)

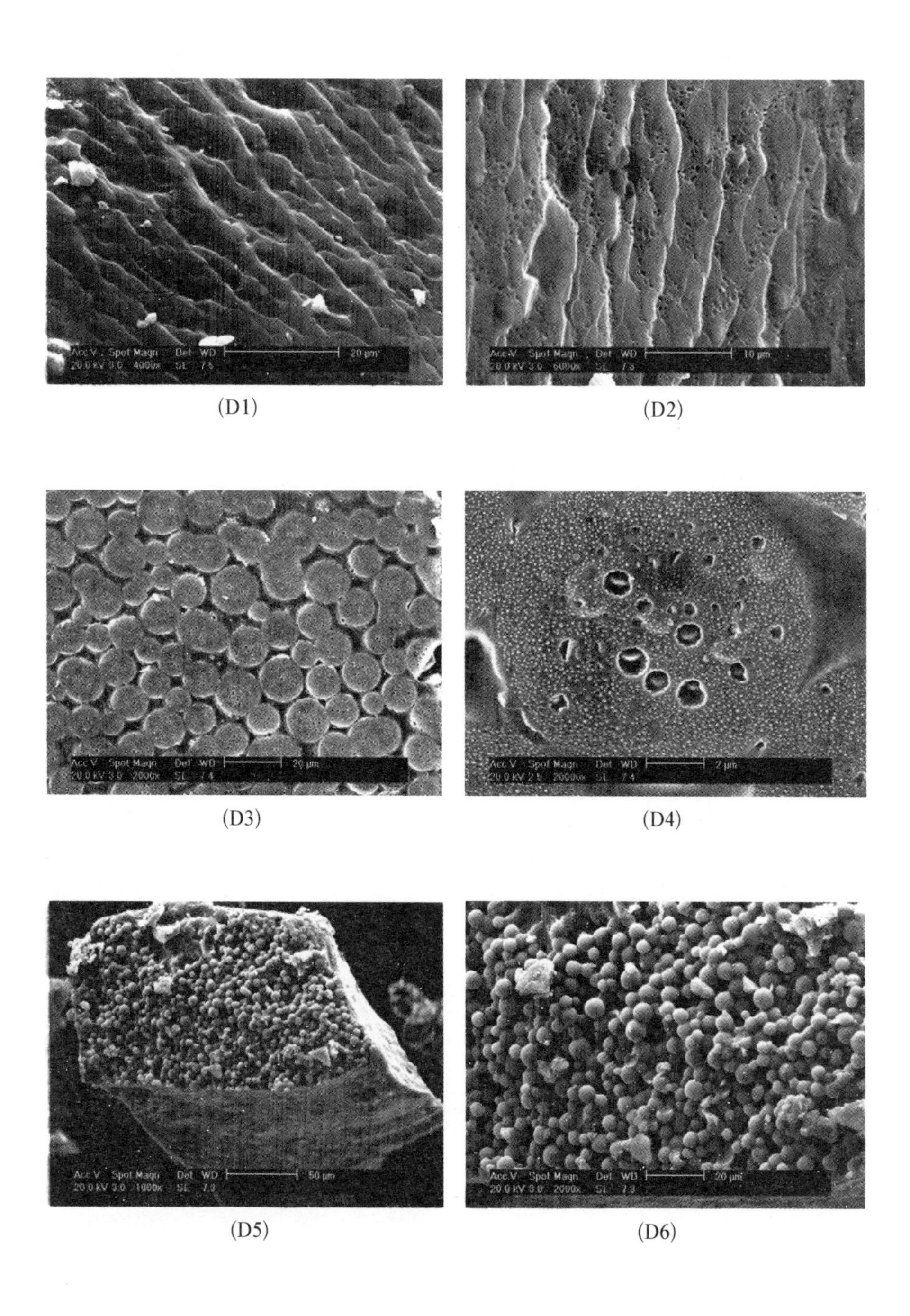

(D1) (D2)

(D3) (D4)

(D5) (D6)

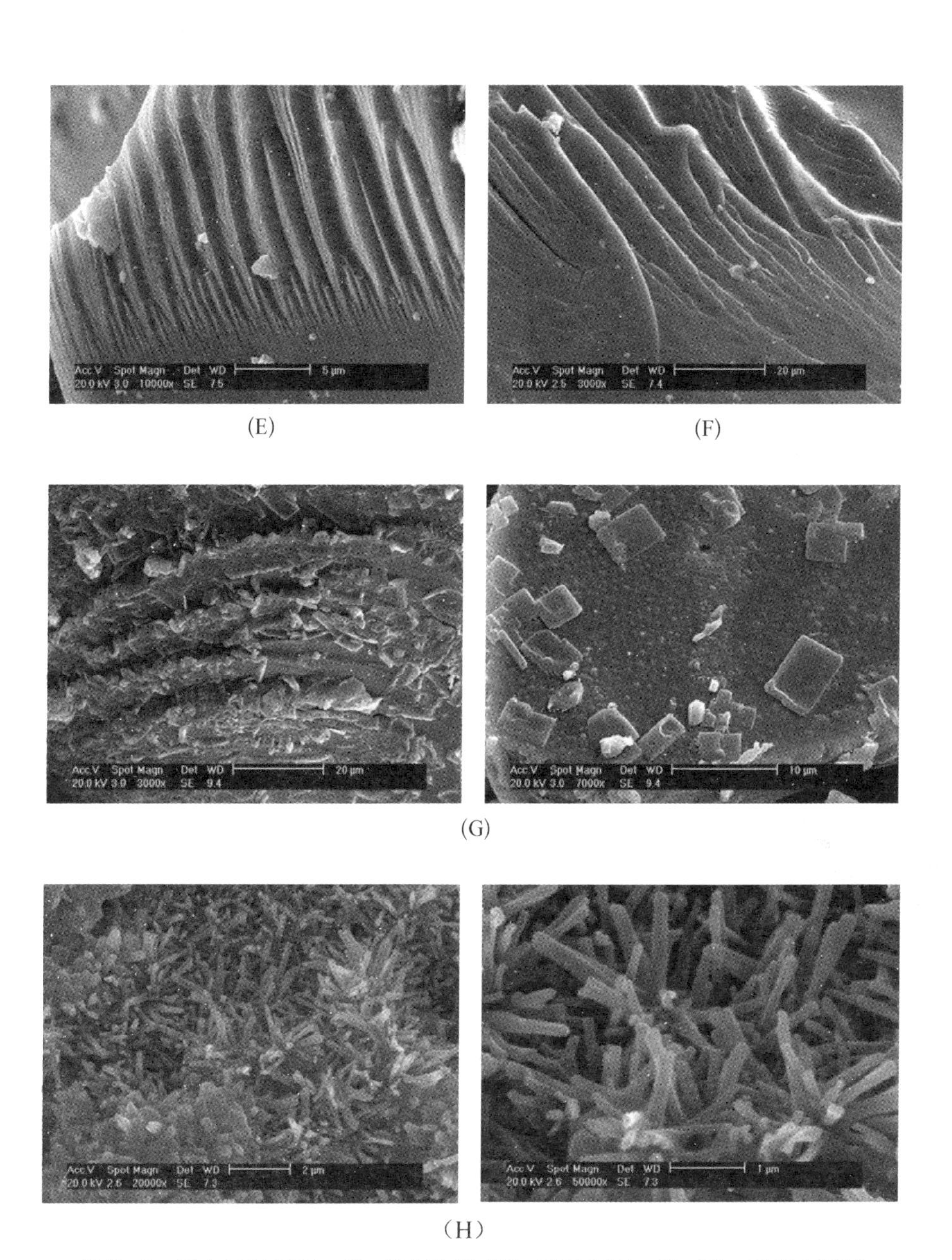

图 3-8　稀土二元 HNA-Si-Tb(A)/Eu(B),三元 HNA-Si-Tb-PMAA(C)/Eu(D),HNA-Si-Tb-PMAALM(E)/Eu(F)及 HNA-Si-Tb-PVP(G)/Eu(H)杂化材料的 SEM 图

(7) 荧光光谱及量子效率

图 3-9 给出了二元体系 HNA-Si-Tb(A)、三元 HNA-Si-Tb-PMAA(B)、HNA-Si-Tb-PMAALM(C)及 HNA-Si-Tb-PVP(D)杂化发光体系的激发(Ⅰ)、发射(Ⅱ)光谱图。在激发光谱图中,以 543 nm 作为发射波长,在 290～370 nm 区间存在较明显的宽带吸收峰,来源于有机芳香羧酸配体的能量吸收峰;在 220～270 nm 区间存在较弱的宽带吸收峰,来源于基质中的电荷迁移跃迁。发射光谱以最大吸收波长 340 nm 作为激发波长,四种杂化材料均得到位于 488 nm,544 nm,582 nm 和 620 nm

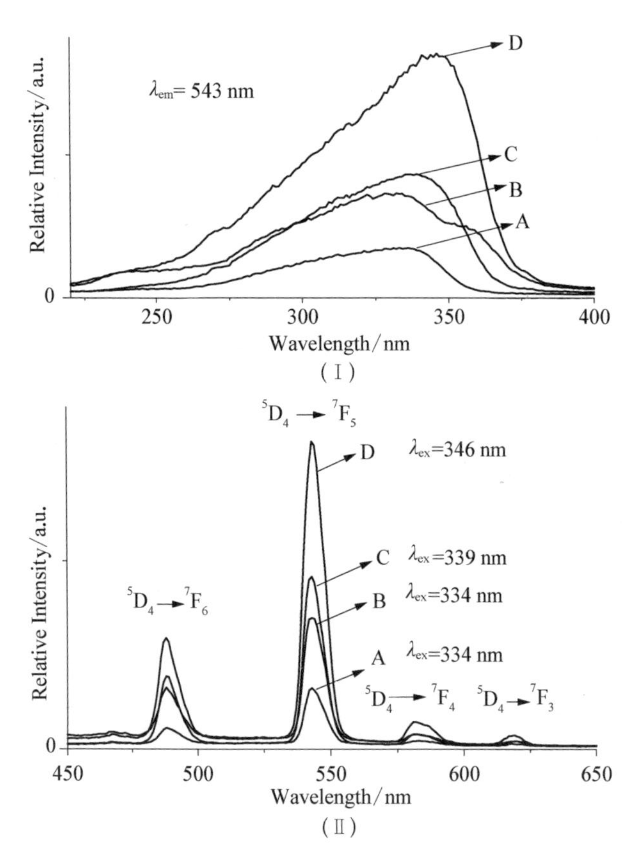

图 3-9 稀土二元 HNA-Si-Tb(A)、含聚合物三元 HNA-Si-Tb-PMAA(B)、HNA-Si-Tb-PMAALM(C)及 HNA-Si-Tb-PVP(D)杂化材料的激发、发射光谱

处的铽离子的$^5D_4 \rightarrow {}^7F_J$(J=6，5，4，3)锐线特征发射峰，证明了有机组分与硅氧网络之间存在着强的作用力，含有长碳链的聚合物是以强键方式(配位键)接入杂化材料中的，杂化材料是在分子水平上组装起来的。另外，良好的光性能可能是由于部分的硅氧网络代替了稀土离子周围的溶剂水分子，从而降低了由水分子振动引起的猝灭效应，限制了非辐射跃迁。

图3-10给出了二元体系HNA-Si-Eu(A)、三元HNA-Si-Eu-

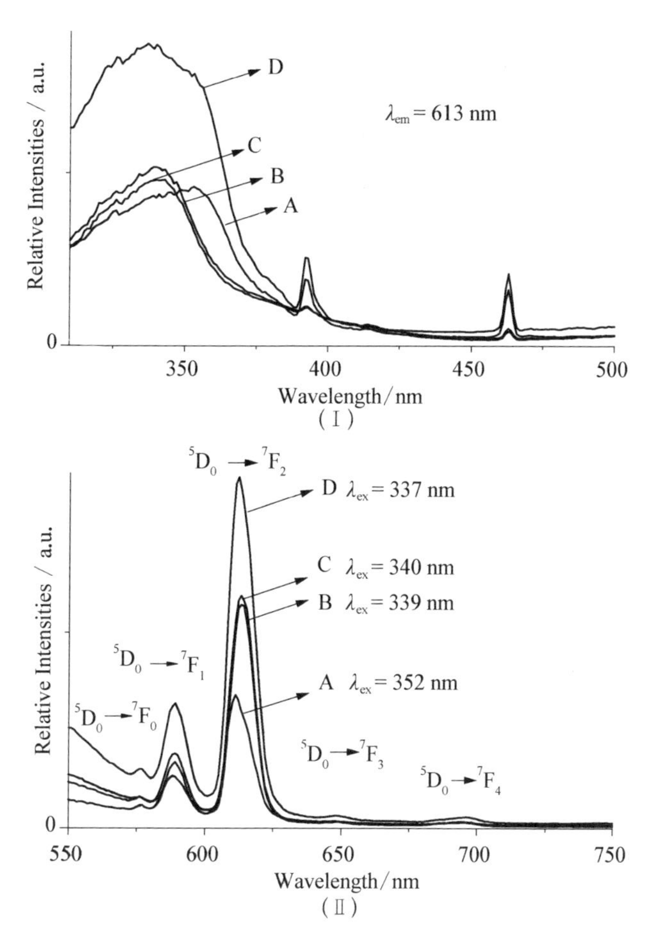

图3-10　稀土二元HNA-Si-Eu(A)、含聚合物三元HNA-Si-Eu-PMAA(B)、HNA-Si-Eu-PMAALM(C)及HNA-Si-Eu-PVP(D)杂化材料的激发(Ⅰ)、发射(Ⅱ)光谱

PMAA(B)、HNA－Si－Eu－PMAALM(C)及 HNA－Si－Eu－PVP(D)杂化发光体系的激发(Ⅰ)、发射(Ⅱ)光谱图。在激发光谱图中,以 613 nm 作为发射波长,在 300～370 nm 区间存在较明显的宽带吸收峰,来源于有机芳香羧酸配体的能量吸收峰,在 393 nm 和 463 nm 处存在着尖锐的吸收峰,对应着稀土铕离子的 4f 电子跃迁。以最大吸收的 340 nm 作为激发波长,得到了位于 576 nm,589 nm,613 nm,648 nm 和 694 nm 处的铕离子的$^5D_0 \rightarrow {}^7F_J$($J=0\sim4$)的锐线特征发射峰。位于 613 nm 处的$^5D_0 \rightarrow {}^7F_2$发射峰属于电偶极跃迁,荧光强度大于位于 589 nm 处的$^5D_0 \rightarrow {}^7F_1$的磁偶极跃迁,说明中心铕离子周围的化学环境对称性较低,铕离子处于偏离反演对称中心的位置上[147]。通常用这两个跃迁的荧光相对强度比值(I_{02}/I_{01})来表明中心稀土离子周围的化学环境。二元杂化材料 HNA－Si－Tb(A)的荧光相对强度相对三元杂化材料较弱,由于第二配体聚合物的加入,改变了中心离子的配位环境,使得整个配合物的结构更加稳定,有机聚合物可能在紫外可见区域内有一定的能量吸收,而且取代了稀土离子周围配位水分子,能够有效减少配位水分子中高频羟基振动所带来的能量损失,从而更利于通过分子内能量转移将吸收的能量传至稀土离子敏化其发光,因此加入聚合物的三元杂化材料的荧光性质在一定程度上有了提高。三种含聚合物的三元杂化材料相比,由于 PVP 含有一个吡咯环,而 PMAA 和 PMAALA 只有长碳链以及羧基基团,因此 PVP 参与配位时引入了其自身的刚性平面,基于空间位阻效应,中心离子的配位环境较其他两者稳定,而且在能量的吸收机制中也有少许的影响,因此杂化材料 HNA－Si－Tb－PVP 的荧光性能比 HNA－Si－Tb－PMAM 和 HNA－Si－Tb－PMAALM 有一定程度的提高。

为了更加深入地研究我们所得到的杂化体系的荧光效率,我们依据铕离子发射光谱的发射峰强度以及$^5D_0$激发态的荧光寿命,计算了铕离子的$^5D_0$激发态的量子效率。假设在铕离子$^5D_0$激发态湮灭的过程中只有辐

射跃迁和非辐射跃迁，那么实验中所测得的荧光寿命就近似等于辐射跃迁和非辐射跃迁之和的倒数[148-154]，即

$$\tau_{exp} = (A_r + A_{nr})^{-1} \tag{3-1}$$

式中，A_r 和 A_{nr}分别为自发辐射跃迁和非辐射跃迁比率。荧光量子效率就可以认为是辐射跃迁所占的比例。即

$$\eta = \frac{A_r}{A_r + A_{nr}} \tag{3-2}$$

$$\eta = A_r \tau_{exp} \tag{3-3}$$

于是荧光量子效率就可以表示成辐射跃迁比率同荧光寿命的乘积，如式(3-3)所示，其中，A_r 可以从铕离子的$^5D_0 \to {}^7F_J$ $(J=0 \sim 4)$辐射跃迁的A_{0J}求和中得到：

$$A_r = \sum A_{0J} = A_{00} + A_{01} + A_{02} + A_{03} + A_{04} \tag{3-4}$$

因为$^5D_0 \to {}^7F_1$ 属于磁偶极跃迁，它几乎不受铕离子周围化学环境的影响，所以我们可以在发射光谱中把它作为一个内在的参比。A_{0J} 可以从以下公式中计算得到：

$$A_{0J} = A_{01}(I_{0J}/I_{01})(\upsilon_{01}/\upsilon_{0J}) \tag{3-5}$$

其中，A_{01}为发射光谱中$^5D_0 \to {}^7F_1$ 自发跃迁的爱因斯坦系数，在真空中，A_{01}的值近似等于 50 s^{-1}；I 为发光强度，可用光谱中$^5D_0 \to {}^7F_J$ 发射峰的积分强度来代替；υ_{0J}为能量质心，可以用铕离子的$^5D_0 \to {}^7F_J$ 发射峰所在位置波长的倒数来代替。基于上面的讨论，我们可以得到如下结论：发光材料的量子效率主要有两个影响因素，一个是荧光寿命，另一个是 I_{02}/I_{01} 的值，即红橙比。如果荧光寿命长，同时红橙比又比较大的话，材料的量子效率就相对较高。

表 3-4 给出了稀土铕离子二元及三元杂化材料的荧光寿命及量子效率数据。从表中可以看出，二元和三元杂化材料的自发辐射跃迁系数相近，但是由于聚合物的加入，材料的荧光寿命有了一定的提高，因此量子效率也有了相应的提高。特别是材料 HNA-Si-Eu-PVP 荧光量子效率竟然达到 18.16%，几乎是二元杂化材料的 2.5 倍，这主要是因为聚合物 PVP 的刚性平面结构的引入稳定了稀土离子周围的配位环境以及其在能量吸收及传递过程中的影响。

表 3-4　稀土铕离子二元 HNA-Si-Eu，三元 HNA-Si-Eu-PMAA，HNA-Si-Eu-PMAALM 及 HNA-Si-Eu-PVP 杂化材料的荧光寿命及量子效率

Hybrids	A_{rad}/s^{-1}	τ/ms	η
HNA-Si-Eu	210.71	412	8.72%
HNA-Si-Eu-PMAA	240.86	558	13.61%
HNA-Si-Eu-PMAALM	226.37	643	14.49%
HNA-Si-Eu-PVP	218.84	828	18.16%

3.3.2　基于对羟基苯甲酸桥分子及稀土二元、三元杂化材料的表征

(1) 氢核磁及元素分析数据

桥分子 HBA-Si[$C_{17}H_{27}NO_7Si$]（溶剂为氘代 DMSO）氢核磁以及元素分析数据如下：δ 0.49(t, 2H), 1.09(t, 9H), 1.45(m, 2H), 2.93(t, 2H), 3.72(m, 6H), 3.96(t, 1H), 6.82(d, 2H), 7.78(d, 2H), 10.41(s, 1H)。计算值：C, 52.97; H, 7.06; N, 3.63%，实测值：C, 53.46; H, 6.73; N, 3.37%。

氢核磁数据表明了桥分子中氢原子的数目以及多种氢原子所处的化学环境，可以证明氢转移反应的进行和桥分子的制备成功。对羟基苯甲酸中羟基基团信号的消失以及—CONH—基团信号的出现说明了三乙氧基

硅基异氰酸丙酯的 N═C═O 基团完全参加了反应。此外，可以观察到与硅相连的乙氧基基团的化学位移信号以及峰的裂分，可以证明在制备过程中桥分子并没有发生水解反应。元素分析实测数据与根据预测结构式计算值相近，说明桥分子的结构与推测结构大体一致。

(2) 红外光谱

表 3-5 给出了原料芳香羧酸类有机配体 HBA，偶联剂三乙氧基硅基异氰酸丙酯 TEPIC，桥分子 HBA-Si 及杂化材料 HBA-Si-Tb 的红外光谱数据，从表中我们可以看出，芳香羧酸类有机配体原料分别位于 3 360 cm^{-1} 附近的尖锐的—OH 伸缩振动吸收峰在桥分子的红外光谱中完全消失，偶联剂 TEPIC 中位于 2 250～2 275 cm^{-1} 附近处的尖锐的—N═C═O的伸缩振动吸收峰也完全消失，2 873 cm^{-1}，2 922 cm^{-1}，2 968 cm^{-1} 处的三个亚甲基的伸缩振动峰在桥分子以及杂化材料中有稍微的移动，证明了氢转移反应的发生以及桥分子的制备成功。在桥分子的红外光谱中，在1 643 cm^{-1} 和 3 069 cm^{-1}，1 509 cm^{-1} 处出现了—CONH—和—NH—基团的伸缩、弯曲振动峰，在形成杂化材料后，都有轻微的蓝移，也同样证明桥分子制备成功。分别位于 TEPIC 中 1 169 和 1 050～1 158 cm^{-1} 区域的 Si—C 键伸缩振动吸收峰和 Si—O 键的伸缩振动峰，在桥分子和杂化材料中都发生了轻微的移动，说明了有机硅桥分子中硅氧骨架的存在。

表 3-5 配体 HBA、偶联剂 TEPIC、桥分子 HBA-Si 及杂化材料 HBA-S-Tb 的红外光谱数据

Compounds	HBA	TEPIC	HBA-Si	HBA-Si-Tb
ν(OH)	3 360			
$\nu(CH_2)$		2 873，2 922，2 968	2 887，2 930，2 973	2 773，2 809，2 876
ν(N═C═O)		2 250—2 275		
ν(CONH)			1 643	1 600

续 表

Compounds	HBA	TEPIC	HBA - Si	HBA - Si - Tb
νδ(N—H)			3 069, 1 509	3 028, 1 482
ν(C—N)		1 286	1 234	1 216
ν(Si—C)		1 169	1 215	1 225
ν(Si—O)		1 108	1 050	1 069～1 190

(3) 紫外光谱

图 3 - 11 是有机配体 HBA(A)、桥分子 HBA - Si(B)、聚乙烯吡咯烷酮 PVP(C)及含聚乙烯吡咯烷酮三元杂化材料 HBA - Si - Eu - PVP(D)紫外光谱图。从图中可以看出，HBA 的紫外吸收峰位于 275 nm 处，当经过氢转移反应后，桥分子 HBA - Si 的吸收峰发生红移至 320 nm 处，且峰型发生了少许变化，半峰宽变大，因此可以推测桥分子的 $\pi\rightarrow\pi^*$ 电子跃迁较原有机配体发生微小的变化，电子基态与激发态之间的能级差也相应地发生了变化，电子基态与激发态之间的能级差减小，证明了氢转移反应的发生以及桥分子的成功制备。聚合物 PVP 在 268 nm 处存在吸收峰，当其参与配位形成三元配合物后，杂化材料的主峰稍稍移动至 271 nm，说明聚合物

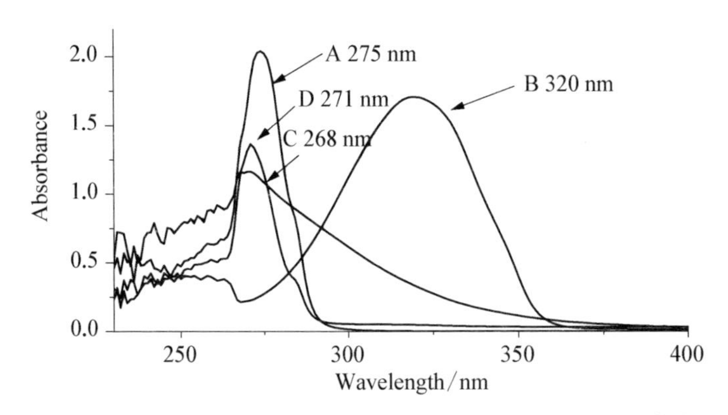

图 3 - 11　有机配体 HBA(A)、桥分子 HBA - Si(B)、聚乙烯吡咯烷酮 PVP(C)及稀土三元 HNA - Si - Eu - PVP(D)杂化材料紫外光谱

配位后其自身共轭电子结构发生了改变，从而导致杂化材料周围的电子排布也发生了改变，因此在紫外吸收光谱上表现为峰位置的移动。

(4) X-射线粉末衍射

X-射线衍射技术普遍被认为是研究固体最有效的工具，而且对于液体和非晶态固体，这种方法也能提供一些基本的数据。从杂化材料的X-射线粉末衍射从图3-12中我们可以看出，所得到的二元或三元体系的材料

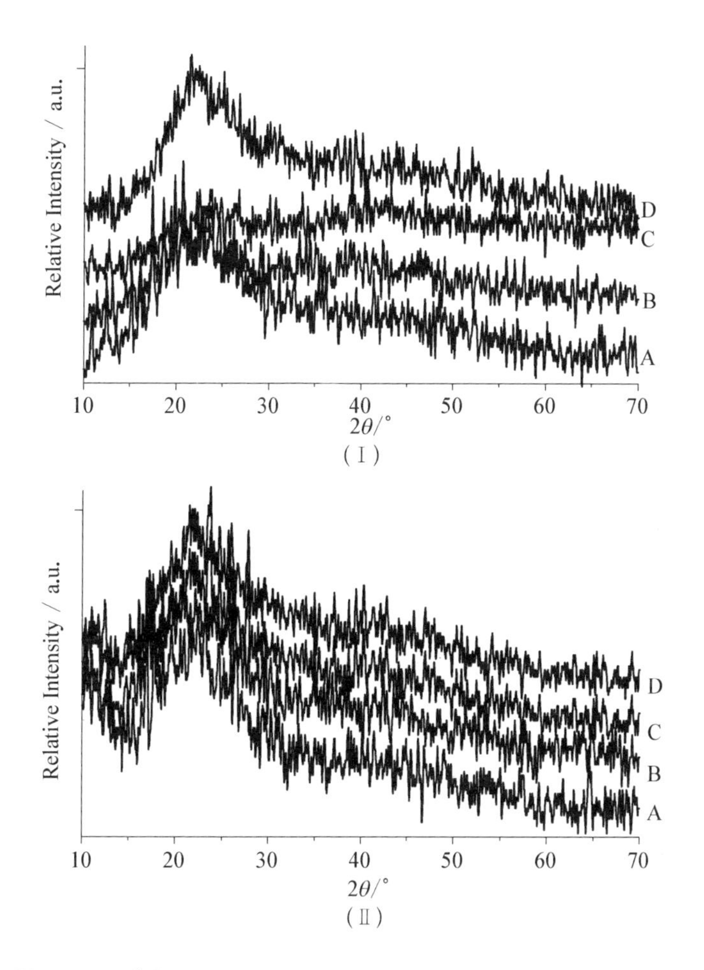

图3-12 稀土二元HBA-Si-RE(A)，三元HBA-Si-RE-PMAA(B)，HBA-Si-RE-PMAALM(C)及HBA-Si-RE-PVP(D)杂化材料的XRD图(Ⅰ为Tb，Ⅱ为Eu)

整体上都是无定形形态的。所有材料的 X-射线谱图在 $2\theta = 21^\circ \sim 22^\circ$附近都表现出一个比较弱的宽峰，这是无定形的硅基材料的一个典型特征[141-143]。由于杂化材料有机配体和长碳链聚合物作为分子组分通过共价键和配位键嫁接到无机网络中，从而在 XRD 图中看不出任何的晶体结构的特征峰。从图中可以看出杂化材料体系中仍残留一些弱的尖锐峰，这可能是由于在溶胶向凝胶转化的过程中局部水解缩聚不均匀产生的一些小的有晶相结构的聚集体的出现。一般说来，具有长碳链的有机聚合物的结构是规则的，但是聚合物的加入并没有改变整个杂化材料中硅氧网络主体骨架的无定形结构，但是对无定形宽峰有了一定的影响，可能是由于有机组分的增多限制无机晶相结构的产生。

(5) TG 分析

为研究所得的杂化材料的热力学行为，我们采用差示扫描量热法及热重分析对所得材料的热力学稳定性进行了表征。图 3-13 给出了稀土二元 HBA-Si-Tb(A)和含聚乙烯吡咯烷酮三元 HBA-Si-Tb-PVP(B)杂化材料的 TG-DSC 图。从图中看出，二元 HNA-Si-Eu 杂化材料在 165℃左右有大约 24%的失重，三元 HBA-Si-Tb-PVP 杂化材料在 171℃左右有大约 21%的失重。这可能是由于杂化材料表面吸附的 DMF 溶剂以及部分参与配位的 DMF 溶剂小分子。二元和三元材料分别在 300℃和 313℃左右有 11%和 13%的失重，是由于部分有机配体对羟基苯甲酸的分解，在 461℃和 458℃左右，所有的有机组分包括有机小配体对羟基苯甲酸和聚合物聚乙烯吡咯烷酮的分解，主要包括 Si—C，C—C 以及 C—N 键的断裂[144]，之后材料再无明显的失重。最终二元和三元杂化材料在 1 100℃左右时失去所有有机组分，只剩下无机组分(49%和 52%)。在图 3-13(B)嵌入图为三元杂化材料的 DSC 曲线，图中没有发现材料有明显的玻璃态转化过程，不能确定材料具体的玻璃态转化温度 Tg。有机长碳链聚合物具有柔韧性，但是本身的热稳定性能是略差于无机材料的。但以上结果表明加入有机长碳链聚合物后制备的三元杂化材料的热稳定性与二元材料相似，没有明显的降低。因此最终三元杂化材料具有较好的热稳定性。

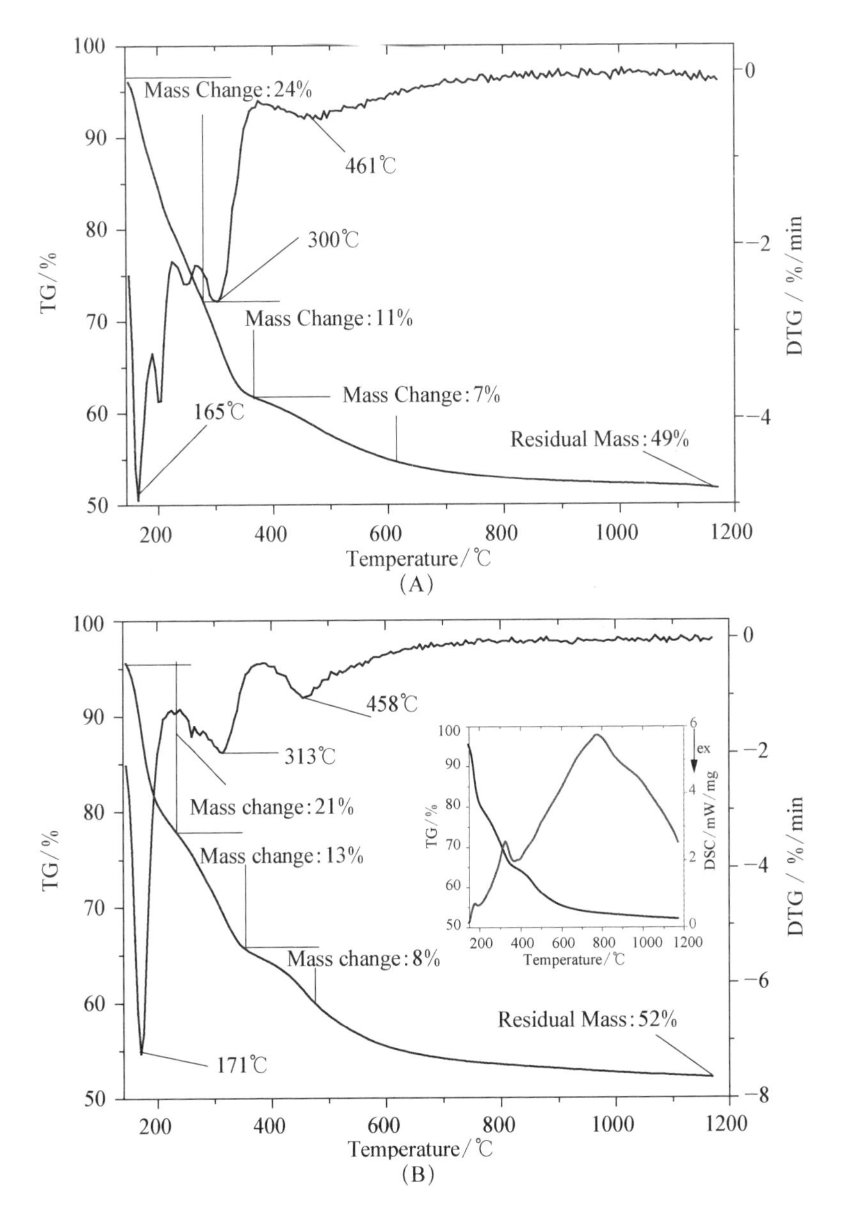

图 3-13　稀土二元 HBA-Si-Tb(A)及三元 HNA-Si-Tb-PVP(B)杂化材料的 TG-DSC 图

（6）紫外可见漫反射光谱

图 3－14 给出了有机配体对羟基苯甲酸 HBA、二元 HBA－Si－Tb（A），三元 HBA－Si－Tb－PMAA（B），HBA－Si－Tb－PMAALM（C）及 HNA－Si－Tb－PVP（D）杂化材料的紫外可见漫反射吸收光谱图。从图中我们可以看出，有机配体 HBA 以及所有的杂化材料在 200～450 nm 的紫外可见光区都有强的吸收，这个吸收带主要归因于杂化材料中有机配体组分从基态到第一激发态的 $\pi \rightarrow \pi^*$ 跃迁。对比于 HBA，二元杂化材料HBA－Si－Tb 吸收峰半峰宽变大，紫外可见吸收区域变宽，这可能是杂化材料中无机基质引起的。从图中 B、C、D 处看到，三元材料在紫外区的吸收区域有明显的扩大，可能由于聚合物的引入增加了材料在紫外可见区域的光吸收。另外所有的杂化材料在 489、545、583 和 620 nm 处分别出现了四个倒吸收峰，分别代表铽离子的 $^5D_4 \rightarrow {}^7F_J$（$J$＝6，5，4，3）辐射跃迁。

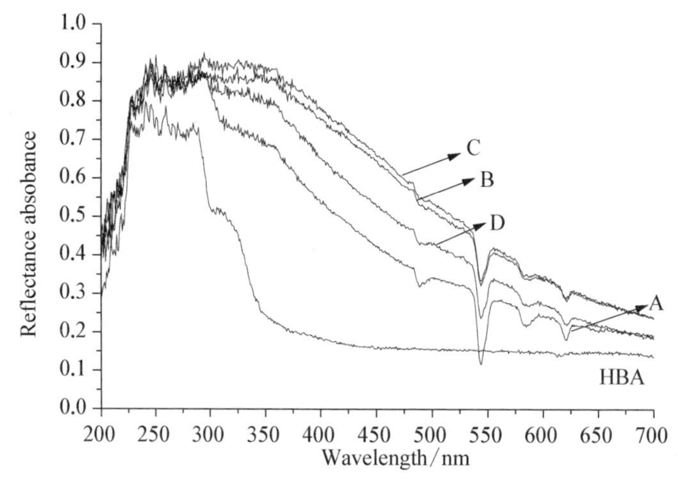

图 3－14 稀土二元 HBA－Si－Tb（A），三元 HBA－Si－Tb－PMAA（B）/PMAALM（C）/PVP（D）杂化材料及配体 HBA 的紫外可见漫反射光谱

（7）扫描电镜

图 3－15 给出了稀土二元 HBA－Si－Tb（A）/Eu（B）、含聚甲基丙烯酸

HBA-Si-Tb(C)/Eu(D)-PMAA、聚(甲基丙烯酸-丙烯酰胺)HBA-Si-Tb(E)/Eu(F)-PMAALM及聚乙烯吡咯烷酮HBA-Si-Tb(G)/Eu(H)-PVP三元杂化材料的SEM图。从三种杂化材料的扫描电镜图片中看出，由于无机组分与有机配体、有机聚合物三者通过与稀土离子的配位作用和偶联剂的水解缩聚作用连接起来，三者之间存在着共价键或配位键的强作用力，因此无机组分和有机组分之间没有出现两相分离的现象，初步实现了制备以强作用力连接杂化材料的构想[145,146]。

对于二元杂化体系，材料的表面由均匀的条纹状结构组成，在这些条纹状结构的表面有分布着类似瓜子形状的颗粒结构。芳香羧酸小配体HBA只有一个羧基，在羟基被修饰后，羧基基成为配位基团，而且由于苯环上无其他取代基，配位时空间位阻不大，配合物易形成低维结构，另外均

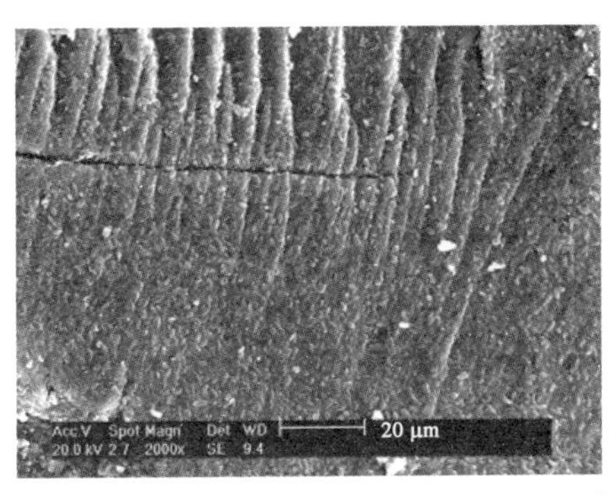

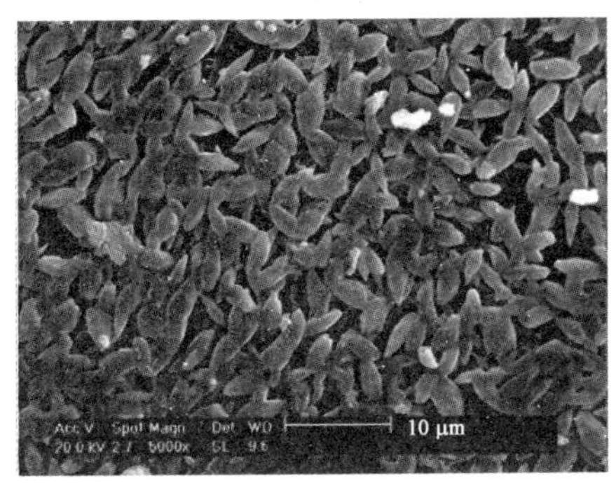

(A)

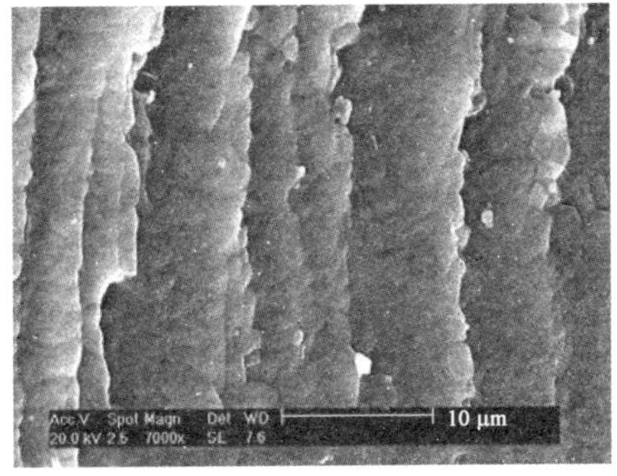

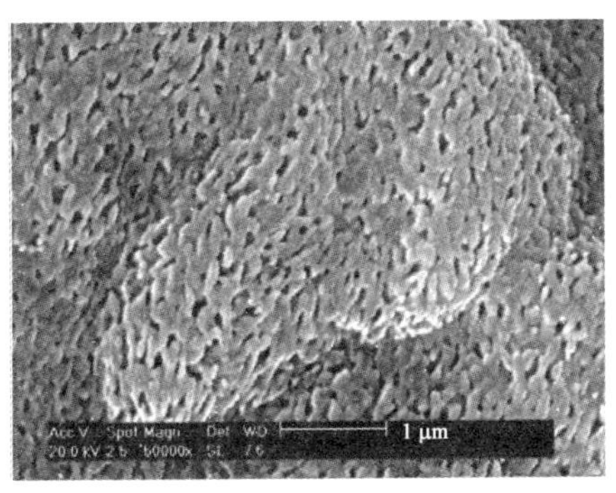

(B)

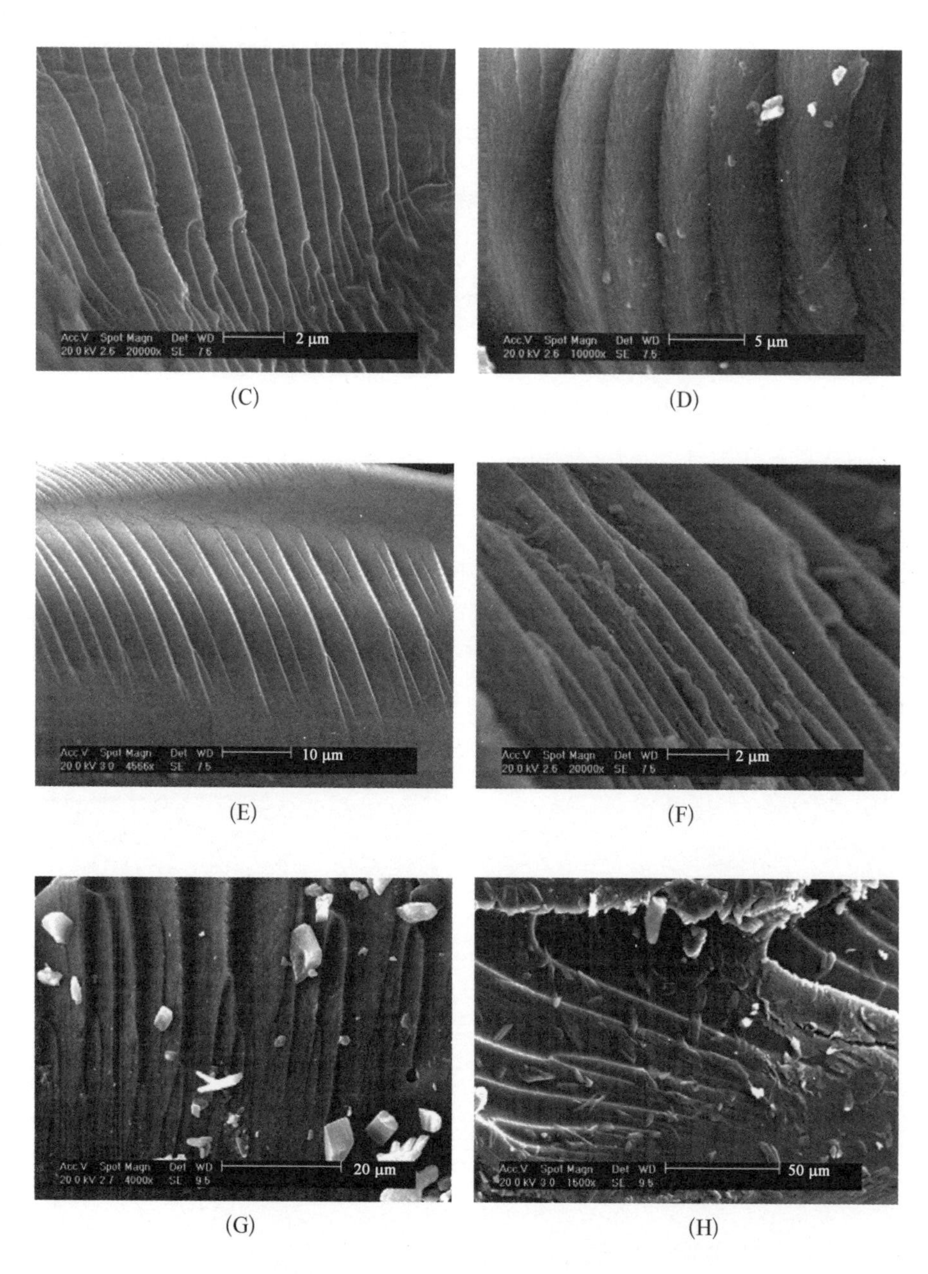

图 3-15 稀土二元 HBA-Si-Tb(A)/Eu(B),含聚合物三元 HBA-Si-Tb(C)/Eu(D)-PMAA、HBA-Si-Tb(E)/Eu(F)-PMAALM 及 HBA-Si-Tb(G)/Eu(H)-PVP 杂化材料的 SEM 图

匀的硅氧网络水解缩聚也易于形成一维链状的条纹状结构。图(A)中，颗粒长约 2 μm，中心宽度为 1 μm，而图(B)中，颗粒长约 200 nm，中心宽度为 100 nm，由于这两种杂化材料的中心离子不同，铕离子的半径略大于铽离子，所以一个铕配位基元表面中可以容纳较多的颗粒均匀排布，排布颗粒越多，每个颗粒的尺寸就越小。在图(C)，图(D)，图(E)，图(F)，图(G)和图(H)中，三元杂化材料表面均匀分布着长条的树枝状结构，这是由于带有长碳链的有机聚合物具有较大的立体空间构型，影响了稀土离子周围的配位环境，使得材料沿着一个方向形成体积相对较小的长条树枝状结构。总之，最终的杂化材料呈现出均匀规则的微观形貌，并且不同的中心离子和聚合物的引入都会对材料的微观形貌产生一定的影响。

(8) 荧光光谱及量子效率

图 3-16 给出了二元体系 HBA-Si-RE(A)、三元 HBA-Si-RE-PMAA(B)、HBA-Si-RE-PMAALM(C)及 HBA-Si-RE-PVP(D)杂化发光体系的铽发射(Ⅰ)、铕发射(Ⅱ)光谱图。图(Ⅰ)中，以 288 nm，296 nm，320 nm 和 328 nm 分别作为激发波长，四种杂化材料均得到位于 488 nm，544 nm，582 nm 和 620 nm 处的铽离子的$^5D_4 \to {}^7F_J$ ($J=6, 5, 4, 3$)铽离子的锐线特征发射峰，图(Ⅱ)以 393 nm 作为激发波长，四种杂化材料均得到位于 576 nm，589 nm，613 nm，649 nm 和 691 nm 处的铕离子的$^5D_0 \to {}^7F_J$ ($J=0\sim4$)的锐线特征发射峰，证明了有机组分与硅氧网络之间存在着强的作用力，含有长碳链的聚合物是以强键方式(配位键)接入杂化材料中的，杂化材料是在分子水平上组装起来的。另外，良好的光性能可能是由于部分的硅氧网络和有机长链聚合物代替了稀土离子周围的溶剂水分子，从而降低了由水分子振动引起的猝灭效应，限制了非辐射跃迁。位于 613 nm 处的$^5D_0 \to {}^7F_2$ 发射峰属于电偶极跃迁，荧光强度大于位于 589 nm处的$^5D_0 \to {}^7F_1$ 磁偶极跃迁，说明中心铕离子周围的化学环境对称性较低，其处于偏离反演对称中心的位置上[147]。与含铽和铕离子的二元杂

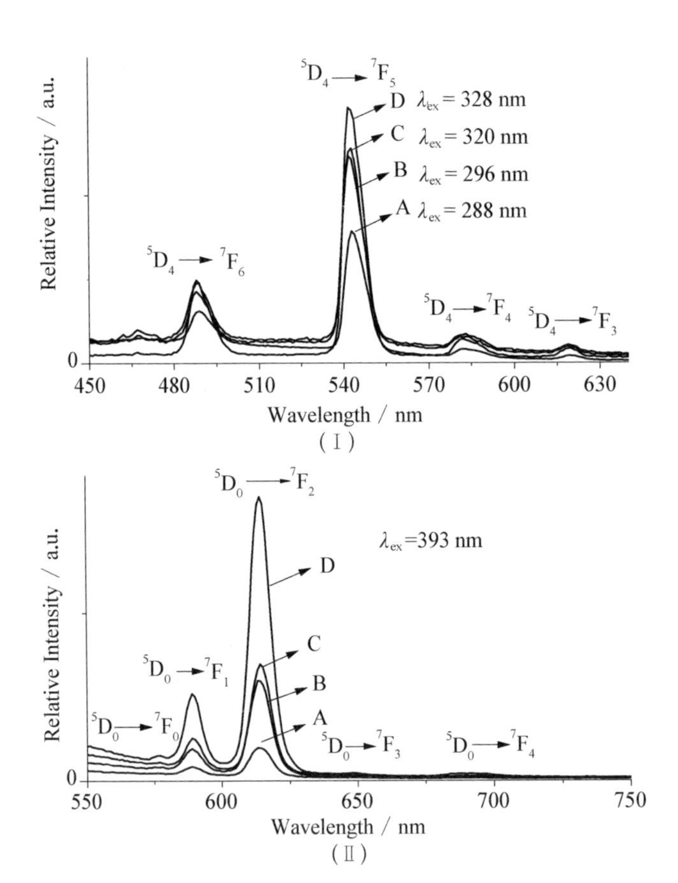

图 3-16 稀土二元 HBA-Si-RE(A)、三元 HBA-Si-RE-PMAA(B)/PMAALM(C)/PVP(D)(Tb(Ⅰ),Eu(Ⅱ))杂化材料的发射光谱

化材料相比,三元杂化材料的荧光相对强度较大,可能由于第二配体聚合物的加入,一方面改变了中心离子的配位环境,使得整个配合物的结构更加稳定;另一方面取代了稀土离子周围配位水分子,能够有效减少配位水分子中高频羟基振动所带来的能量损失;再者有机聚合物可能在紫外可见区域内有一定的能量吸收,从而更利于通过分子内能量转移将吸收的能量传至稀土离子敏化其发光,因此,加入聚合物的三元杂化材料的荧光性质在一定程度上有了提高。三种含聚合物的杂化材料相比,由于聚合物 PVP 除了水平方向上含有长碳链,垂直方向上还具有一个吡咯环,而 PMAA 和 PMAALA 垂直方向上只有羧基基团,因此,PVP 参与配位时引入了其自身的刚性平面，基于空间位阻效应，中心离子的配位环境较其他两者稳定，而且吡咯环在能量的吸收机制中也有少许的作用，因此杂化材料 HBA - Si - Tb - PVP 在三种材料中表现出最好的荧光性能。

为了更加深入地研究我们所得到的杂化体系的荧光效率，我们依据铕离子发射光谱的发射峰强度以及$^5D_0$ 激发态的荧光寿命，计算了铕离子的$^5D_0$ 激发态的量子效率[148-154]。发光材料的量子效率主要有两个影响因素，一个是荧光寿命，另一个是 I_{02}/I_{01} 的值，即红橙比。如果荧光寿命长，同时红橙比又比较大的话，材料的量子效率就相对较高。

表 3 - 6 给出了稀土铕离子二元及三元杂化材料的荧光寿命及量子效率数据。从表中可以看出，三元杂化材料的荧光相对强度、荧光寿命以及红橙比均大于二元杂化材料，并且按照 PMAA，PMAALM，PVP 的顺序依次增大，因此三元杂化材料的量子效率均有明显的提高，可能是由于聚合物在光吸收以及能量过程中起着积极的作用。在三种三元杂化材料中，HBA - Si - Eu - PVP 荧光量子效率最大，这主要是因为聚合物 PVP 具有一个吡咯五元环，通过参与配位反应将自身的刚性平面结构引入配合物中，从而稳定了稀土离子周围的配位环境，以及其在能量吸收及传递过程中起了促进的作用。

表 3 - 6　稀土铕离子二元 HBA - Si - Eu，三元 HBA - Si - Eu - PMAA/PMAALM/PVP 杂化材料的荧光寿命及量子效率

Hybrids	HBA - TEPIC - Eu	HBA - TEPIC - Eu - PMAA	HBA - TEPIC - Eu - PMAALM	HBA - TEPIC - Eu - PVP
I_{02}/I_{01}	2.82	3.05	3.25	3.33
$A_{01}(s^{-1})$	50	50	50	50
$A_{02}(s^{-1})$	146.9	158.7	169.4	173.5
$\tau(\mu s)$[c]	364	374	405	437
$A_{rad}(s^{-1})$	218	231	243	243
$\tau_{exp}^{-1}(s^{-1})$	2 747	2 674	2 469	2 288

续 表

Hybrids	HBA - TEPIC - Eu	HBA - TEPIC - Eu - PMAA	HBA - TEPIC - Eu - PMAALM	HBA - TEPIC - Eu - PVP
$A_{nrad}(s^{-1})$	2 529	2 443	2 226	2 045
$\eta(\%)$	7.9	8.6	9.8	10.6
$\Omega_2(10^{-20})$	4.25	4.60	4.92	5.05
$\Omega_4(10^{-20})$	0.173	0.260	0.288	0.228

实验荧光强度参数(Ω_λ, λ=2, 4),可以由$^5D_0 \to {}^7F_2$ 和$^5D_0 \to {}^7F_4$ 跃迁的光谱数据,以 Eu^{3+} 的磁偶极跃迁$^5D_0 \to {}^7F_1$ 作为标准,由下面的公式计算而得[148,149,154-157]:

$$A = (64e^2\pi^4\upsilon^3)/[3h(2J+1)]\{[(n^2+2)^2/9n]\sum\Omega_\lambda |<J||U(\lambda)||J'>|^2 \quad (3-6)$$

式中,A 为共振发射系数,e 为电荷常数,反射系数 $n=1.5$, $|<J||U(\lambda)||J'>|^2$ 为简约矩阵元的平方,对于 $\lambda=2, 4$ 时其值分别为 0.003 2 和 0.002 3。由于实验条件不能观察到$^5D_0 \to {}^7F_6$ 的跃迁,无法测到 Ω_6 的值。最终杂化材料的 Ω_2 和 Ω_4 的数值列于表 3-6。三元杂化材料相对于二元材料有较大的 Ω_2,这可能是$^5D_0 \to {}^7F_2$ 跃迁的超灵敏行为的结果,在这种情况下,动力学耦合机制起主要作用。基于聚合物自身空间构型的因素,聚合物引入使得 Eu^{3+} 周围配位环境的极性增加,配合物的对称性降低,从而使 Eu^{3+} 处在一个相对高度极性的环境中。

3.3.3 基于噻吩甲酰三氟丙酮桥分子及稀土三元杂化材料的表征

(1) 核磁数据

桥分子 TTA - Si[$C_{28}H_{47}O_{10}F_3N_2Si_2S$](溶剂为氘代 DMSO)氢核磁数据如下:δ: 0.50(4H, t), 1.13(18H, t), 1.41(4H, m), 2.95(4H, t), 3.73(12H, m), 5.90(2H, t), 7.06(1H, d), 7.53(1H, d), 7.65

(1H, d)。碳核磁数据如下：δ 5.21(CH_2Si)，7.38($CH_2CH_2CH_2$)，18.22(CH_3CH_2O)，23.75（C（C ═ O)$_4$），42.26（NCH_2CH_2），57.81(CH_3CH_2O)，86.88（CF_3），120.83（CH ═ CHS），124.43（CH ═ CHCH ═ C)，126.78(CHCH ═ CSC ═ O)，127.92(CH ═ CSC ═ O)，149.36(CC ═ ONH)，158.37(SCC ═ OC)，179.15(CF_3C ═ O)。

为了有效的进行对比，我们对有机配体 TTA 和偶联剂三乙氧基硅基异氰酸丙酯(TEPIC)做了测试，图 3-17 给出了有机配体 TTA、偶联剂三

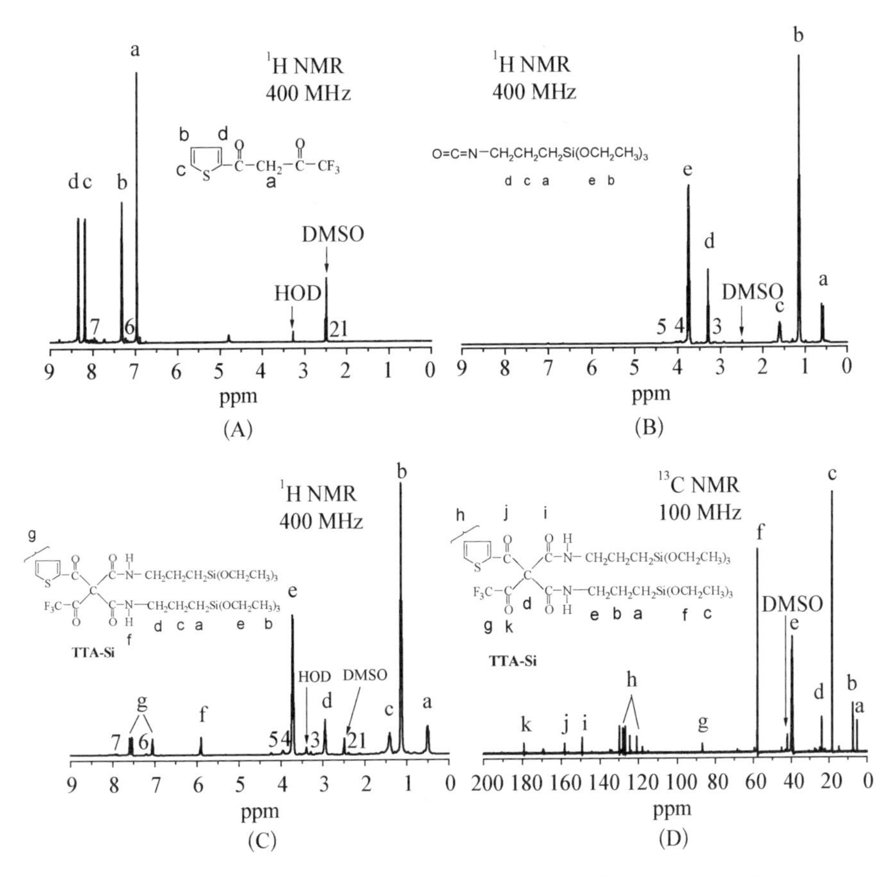

图 3-17　配体 TTA(A)，偶联剂 TESPIC(B)，桥分子 TTA-Si(C)的氢谱及桥分子 TTA-Si(D)碳谱核磁谱图

乙氧基硅基异氰酸丙酯 TEPIC 以及桥分子的核磁谱图。从图中看出，(A)TTA中位于 6.91 ppm 处的—CH_2—基团吸收峰在桥分子 TTA - Si(C)的氢谱中消失了，以及(C)TTA - Si 中位于 5.9 ppm 处的—NH—基团吸收峰的出现，都说明三乙氧基硅基异氰酸丙酯的异氰酸酯基与 TTA 中的亚甲基发生了反应，生成了酰胺基团。图(B)中位于 3.30 ppm 处的亚甲基峰在(C)中移至 2.95 ppm，因为这个亚甲基最接近于异氰酸酯基，当异氰酸酯基发生反应时，其受到的影响最为明显。图 A，B 和 C 中的峰 1～7 源于材料中杂质的吸收峰。碳谱数据反映了桥分子 TTA - Si 中每个碳原子所在的化学环境，同样证明了三乙氧基硅基异氰酸丙酯的 N ═C ═O 基团与有机配体 TTA 的羟基完全参加了反应。此外，在图(C)和图(D)中可以观察到位于 1.13 ppm，3.73 ppm，18.22 ppm 以及 57.81 ppm 处的峰，代表着与硅相连的乙氧基基团的化学位移信号，可以证明在制备过程中桥分子并没有发生水解反应。

(2) 红外光谱

图 3 - 18 给出了噻吩甲酰三氟丙酮配体 TTA(A)、羟基修饰桥分子 TTA - Si(B)和稀土三元杂化材料 TTA - Si - Eu - PVPD(C)的红外光谱图。从图中我们可以清晰地看到，A 图中位于 3 119 cm^{-1} 处的尖锐的吸收峰来自 TTA 中亚甲基的伸缩振动，被 B 图中位于 2 977 cm^{-1}，2 922 cm^{-1} 和 2 886 cm^{-1} 处的偶联剂的三个亚甲基的伸缩振动峰取代。B 图中位于 1 277 和 1 079 cm^{-1} 处的吸收峰源于 Si—C 和 Si—O 键的伸缩振动，后者没有形成较大范围的宽峰，说明桥分子中的硅氧烷基团并没有发生水解反应，另外位于 3 378 和 1 410 cm^{-1} 处的两个吸收峰分别来自生成的—NH—的伸缩振动和弯曲振动。B 图中位于 1 626 和 1 528 cm^{-1} 处的两个峰代表酰胺基的吸收振动峰，证明了桥分子中—CONH—基团的存在，并在杂化材料 C 图中移动至 1 662 cm^{-1} 和 1 608 cm^{-1}。在杂化材料 C 图中，位于 1 027～1 134 cm^{-1} 区间和 463 cm^{-1} 处的吸收峰来自硅氧网络(—Si—O—

Si—)的伸缩振动和弯曲振动吸收峰，证明了硅氧基团已经水解形成无机网络骨架。另外，在图 B 中在 2 200～2 400 cm^{-1} 区间内没有发现明显的 N═C═O基团的伸缩振动吸收峰，这充分证明三乙氧基硅基异氰酸丙酯已完全地发生反应。以上所有讨论都证明了桥分子和三元杂化材料的制备成功。

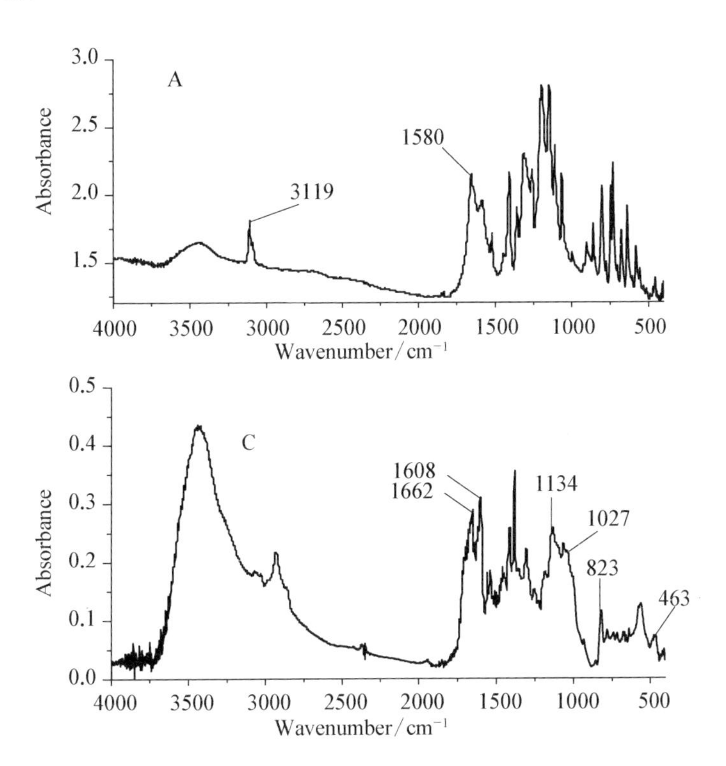

图 3 - 18　配体 TTA(A)，桥分子 TTA - Si(B)及三元 TTA - Si - Eu - PVPD(C)杂化材料红外光谱图

(3) 紫外光谱

图 3 - 19 给出了噻吩甲酰三氟丙酮配体 TTA(A)和羟基修饰桥分子 TTA - Si(B)紫外光谱图。从图中我们可以清晰的看到，A 中紫外吸收峰位于 325 nm 处的宽峰源于噻吩环以及两个羰基的共轭结构的吸收，当经过氢转移反应后，桥分子的吸收峰红移移至 345 nm 处，且峰型略有变化，

说明两者的 π→π* 电子跃迁发生了变化，电子基态与激发态之间的能级差变小，可能是由于偶联剂的引入，使整个桥分子的结构趋于稳定，共轭平面增大，促进了电子在能级间的跃迁。以上讨论表明偶联剂与有机配体之间氢转移反应的完成以及桥分子 TTA - Si 成功制备。

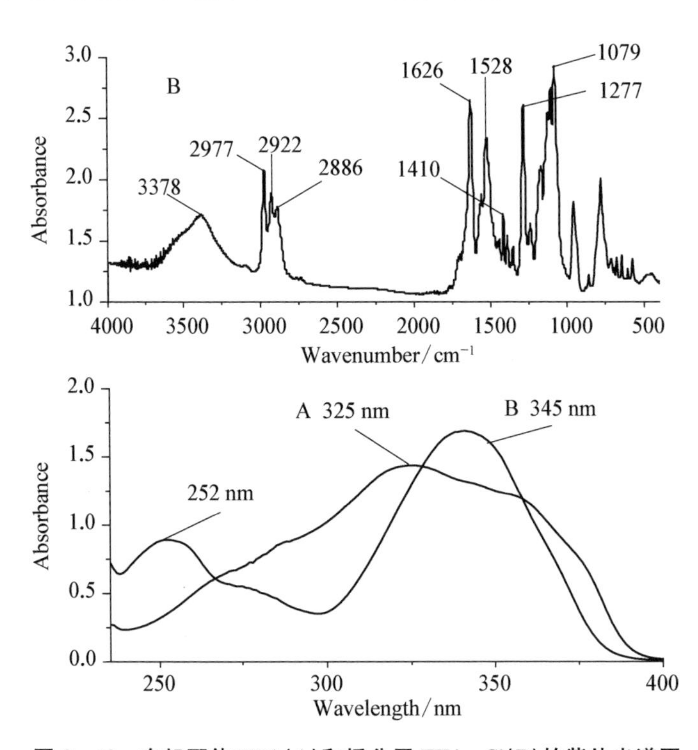

图 3 - 19　有机配体 TTA(A)和桥分子 TTA - Si(B)的紫外光谱图

(4) X -射线粉末衍射

图 3 - 20 给出了稀土铽(Ⅰ)、铕(Ⅱ)三元杂化材料(TTA - Si - RE - PVPD(A)/PMAA(B)/PVPDMAA(C))的 X -射线粉末衍射图。从图中可以看到得到的三元杂化材料都在 20°～21°处表现出一个比较弱的宽峰，这是无定形的硅基材料的一个典型特征[141-143]，因此，推断材料整体上都是无定形形态的。图(Ⅰ)中三种材料的 X -射线衍射宽峰分别位于 20.27°，20.38°和 20.49°处，在图(Ⅱ)中分别位于 20.35°，21.41°和 20.55°处。虽然

具有长碳链的聚合物有一定的有序性，但是将其引入杂化材料后并没有降低材料的无序性，因此，我们可以得出以下结论：在三元杂化材料中，既没有稀土硝酸盐晶体的存在或有机基团晶体的存在，也没有稀土有机配合物晶体生成，整个材料更多地表现了无定形硅基材料的特征。

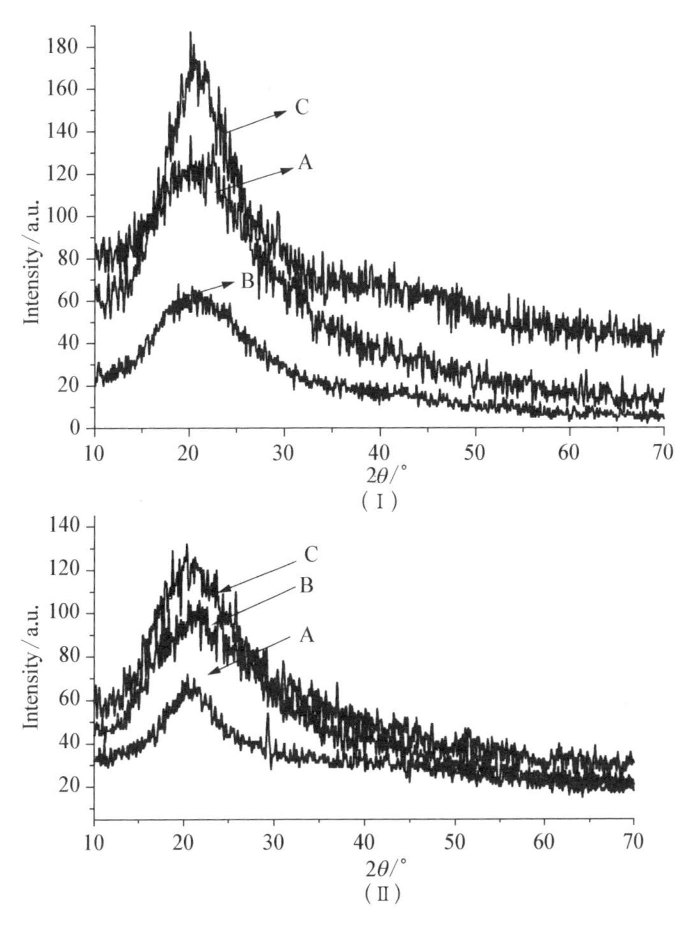

图3-20　稀土三元杂化材料TTA-Si-Tb(Ⅰ)/Eu(Ⅱ)-PVPD(A)/PMAA(B)/PVPDMAA(C)的XRD图

(5) TG分析

为研究所得的杂化材料的热力学行为，我们采用热重分析对所得材料的热力学稳定性进行了表征。图3-21给出了稀土三元杂化材料TTA-

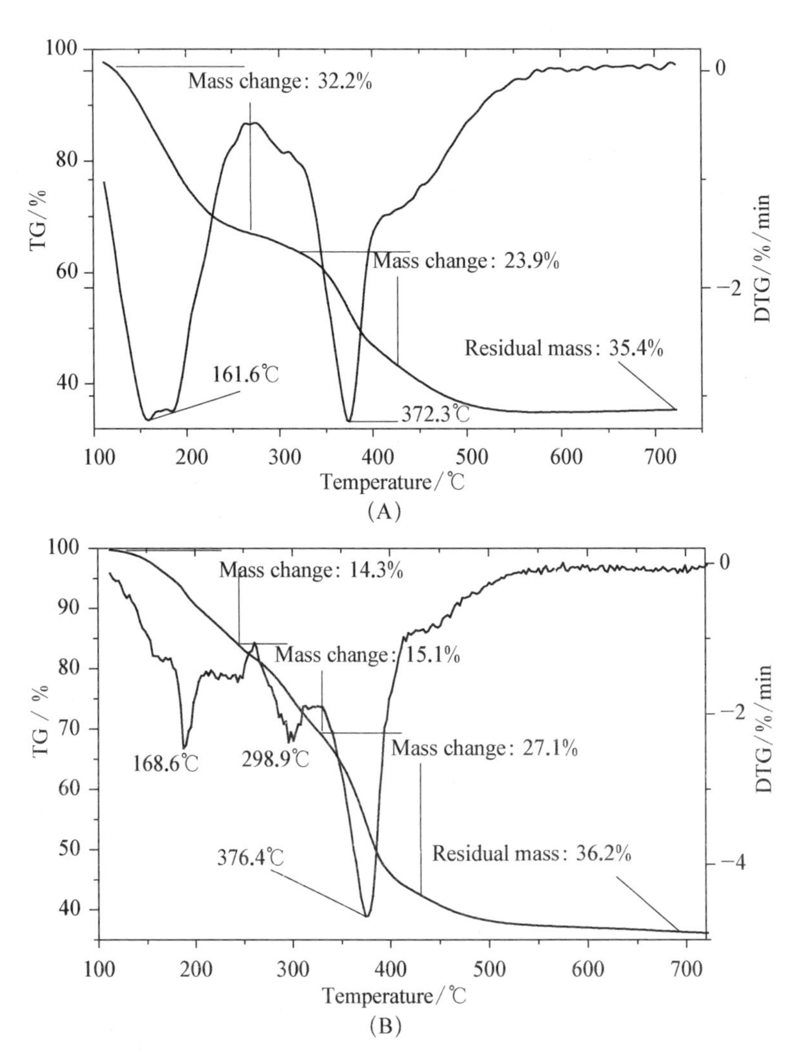

图 3-21 稀土三元杂化材料 TTA-Si-Tb-PMAA(A)和 TTA-Si-Eu-PMAA(B)的 TG-DTG 图

Si-Tb-PMAA(A)和 TTA-Si-Eu-PMAA(B)的 TG-DTG 图。从图(A)中看出,杂化材料从 122.5℃开始失重,到 306.5℃约有 32.2%的质量失去,源于残留溶剂 DMF,极少量配位水失去和小部分桥分子 TTA-Si 的热解,根据推测的分子结构计算,桥分子 TTA-Si 约占材料总质量的 30%,在 306.5℃时桥分子还没有完全脱离。在区间 319.3℃~446.7℃,材料失去了约23.9%的质量，源于残留的桥分子以及有机聚合物的热分解，经计算聚合物PMAA约占总质量的23.1%，测得的结果与推测的数据相近。温度达到446.7℃时，材料中的有机配体以及聚合碳链有机组分已经完全分解。根据推测的分子结构计算结果以及以上测试数据得出，有机桥分子TTA-Si与聚合物单体MAA的摩尔比为3∶1。当温度达到720℃左右，最终残留物为35.4%，源于无机硅氧网络骨架的存在。从图(B)中看出，杂化材料从132.5℃开始失重，到245.5℃约有14.3%的质量失去，源于残留溶剂DMF和极少量配位水失去。从259.1℃到323.7℃约有15.1%的失重，源于部分桥分子TTA-Si的热解，根据推测的分子结构计算，桥分子TTA-Si约占材料总质量的28.6%，因此在323.7℃时还约有一半的桥分子没有分解。在区间333.0℃～414.7℃中，材料失去了约27.1%的质量，源于残留的桥分子以及有机聚合物PMAA的热分解，经计算聚合物PMAA约占总质量的22.4%，测得的结果与推测的数据相近。温度达到414.7℃时，材料中的有机配体以及聚合碳链有机组分已经完全分解。根据推测的分子结构计算结果以及以上测试数据得出，有机桥分子TTA-Si与聚合物单体MAA的摩尔比为3∶1，当温度达到720℃左右，最终残留物为36.2%，源于无机硅氧网络骨架的存在。总体来说，相对于纯粹的稀土配合物，含有聚合物PMAA的稀土铽、铕三元杂化材料都表现出较好的热稳定性，并且两者具有相似的失重过程，包括失重温度、失重区间、失重质量以及最终的残留质量。以上现象证明了这两种杂化材料的组成构型是相似的，稀土中心离子与桥分子配体、聚合物配体的比例都为1∶3∶1。有机组分在温度高于450℃时全部分解，700℃时残留的刚性硅氧网络基质约占总质量的35%。

(6) 扫描电镜

图3-22给出了稀土TTA-Si-Tb(A)/Eu(a)-PMAA，TTA-Si-Tb(B)/Eu(b)-PVPD及TTA-Si-Tb(C)/Eu(c)-PVPDMAA三元杂化

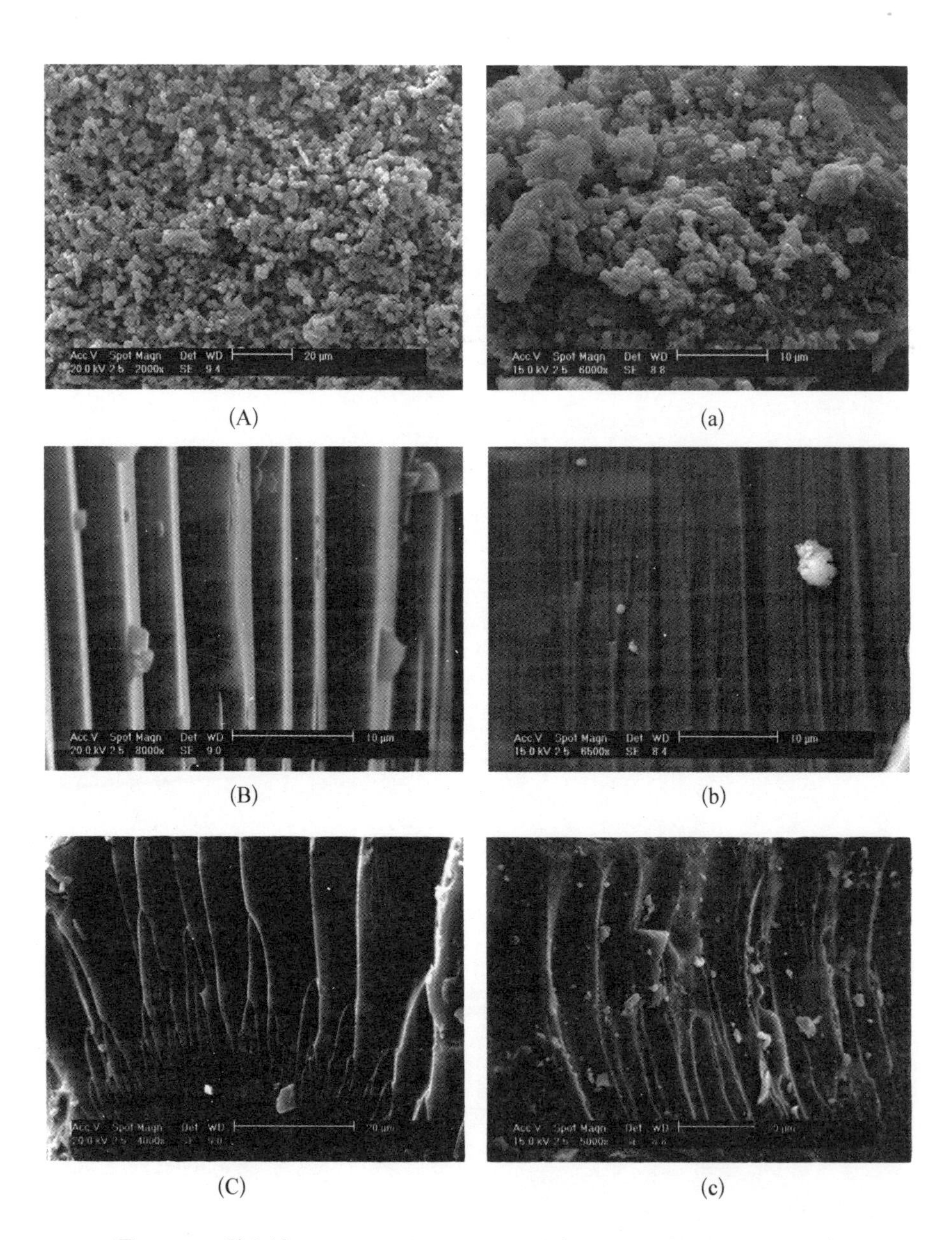

图 3-22 稀土铽 TTA-Si-Tb-PMAA(A)/PVPD(B)/PVPDMAA(C)和铕 TTA-Si-Eu-PMAA(a)/PVPD(b)/PVPDMAA(c)三元杂化材料的 SEM 图

材料的扫描电镜图。从三种杂化材料的扫描电镜图片中看出，由于无机组分与有机配体、有机聚合物三者通过偶联剂的水解缩聚作用以及与稀土离子的配位作用连接起来，三者之间存在着共价键或配位键的强作用力，因此无机组分和有机组分之间没有出现两相分离的现象，初步实现了制备以共价键为主要作用力的杂化材料的构想[145,146]。

从图(A)和图(a)中看出，含有聚合物 PMAA 的三元杂化材料形成了规则分布，大小均一的颗粒，由于中心离子的不同，颗粒的大小略有不同。从图(B)和图(b)中看出，含有聚合物 PVPD 的三元杂化材料形成了规则的条纹状结构，同样图(C)和图(c)中含有聚合物 PVPDMAA 的三元杂化材料也形成了规则的条纹状结构，因此我们推断，这三种聚合物除了在水平方向上存在长碳链以外，在垂直方向上 PMAA 仅有一个羧基和稀土离子配位，而 PVPD 和 PVPDMAA 有一个吡啶环与稀土离子配位，所以 PVPD 和 PVPDMAA 由于自身较大的空间结构，配位时存在较大的空间位阻，影响了稀土离子周围的配位环境，从而使最终的材料因此使得材料沿着一个方向形成体积相对较小的长条树枝状结构。由于 PVPD 是单聚物，PVPDMAA 是共聚物，两种杂化材料的条纹状结构的大小略有不同。而 PMAA 相对于其他两种聚合物来说空间构型体积较小，因此杂化材料可以沿着空间三个方向形成球形颗粒的微观形貌。

(7) 荧光光谱

图 3-23 给出了稀土硝酸盐 $Tb(NO_3)_3$、有机配体 TTA、聚合物 PMAA、掺杂型杂化材料 Tb-PMAA-Si 和三元杂化材料 TTA-Si-Tb-PMAA 的激发光谱图(A)以及三元材料的发射光谱图(B)。掺杂型杂化材料 Tb-PMAA-Si 是通过稀土铽离子与聚合物 PMAA 配位形成配合物，将配合物直接掺杂于无机硅氧网络这两个步骤制得的。激发光谱均是通过检测 Tb^{3+} 在 545 nm 处的发射强度随激发波长的变化而测定的。图(A)中看出，聚合物 PMAA 在 200～400 nm 区间内没有吸收，硝酸盐在 350～

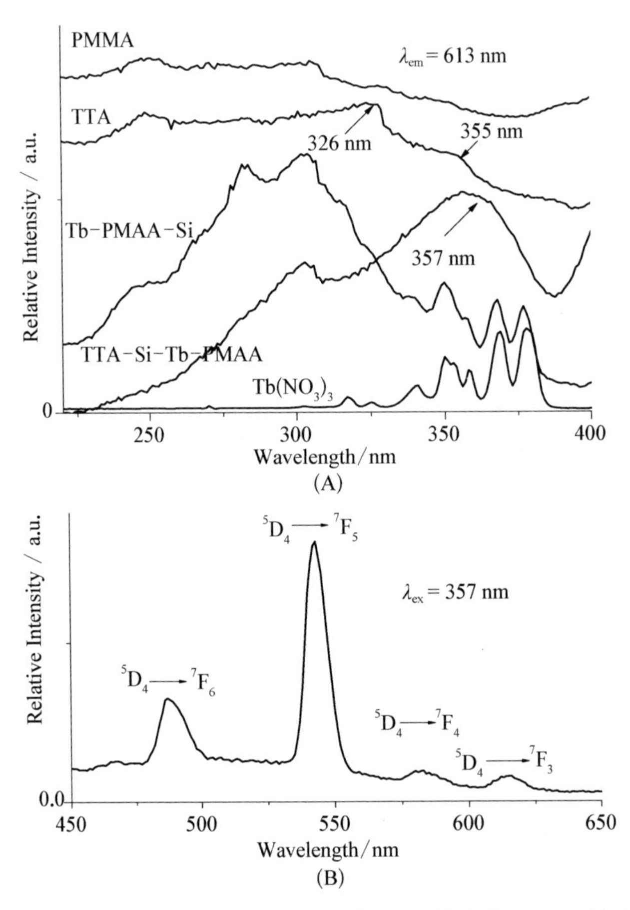

图 3-23 稀土硝酸盐 $Tb(NO_3)_3$，配体 TTA，聚合物 PMAA，掺杂型杂化材料 Tb-PMAA-Si 和三元杂化材料 TTA-Si-Tb-PMAA 的激发光谱图及三元材料的发射光谱图

400 nm 区间存在尖锐的吸收峰，来自铽离子自身的 f-f 电子跃迁的吸收，掺杂型杂化材料 Tb-PMAA-Si 在 270～315 nm 区间有大的宽峰存在，来自于无机硅氧基质的吸收以及基质 O^{2-} 与 Tb^{3+} 之间电荷迁移态的吸收，在 350～400 nm 区间存在数个尖锐的吸收峰，同样来自于铽离子自身的 f-f 电子跃迁的吸收。有机配体 TTA 在 326 nm 和 355 nm 处出现了两个吸收峰，是源于自身共轭结构的吸收。三元杂化材料 TTA-Si-Tb-PMAA 在 300 nm 处出现了一个宽吸收峰，同样是源于基质 O^{2-} 与 Tb^{3+} 之间电荷迁移态的吸收。另外在 357 nm 处也出现了一个宽的吸收峰，这与前面的有机配体 TTA 的吸收峰相对应，是由于 TTA 自身的共轭结构引起的。因此我们推断，在三元杂化材料中，主要的能量吸收体是有机配体 TTA，其吸收能量后有效的将能量传递给稀土铽离子，从而敏化铽离子发光。在图(B)中，我们以 357 nm 作为激发光波长，得到了位于 486 nm，542 nm，582 nm 和 615 nm处的铽离子的$^5D_4 \rightarrow {}^7F_J$($J$=6，5，4，3)锐线特征绿光发射峰。

图 3-24 给出了稀土铕杂化材料 TTA-Si-Eu-PVPD(A)/PMAA(B)/PVPDMAA(C)的激发(Ⅰ)、发射(Ⅱ)光谱图。激发光谱均是通过检

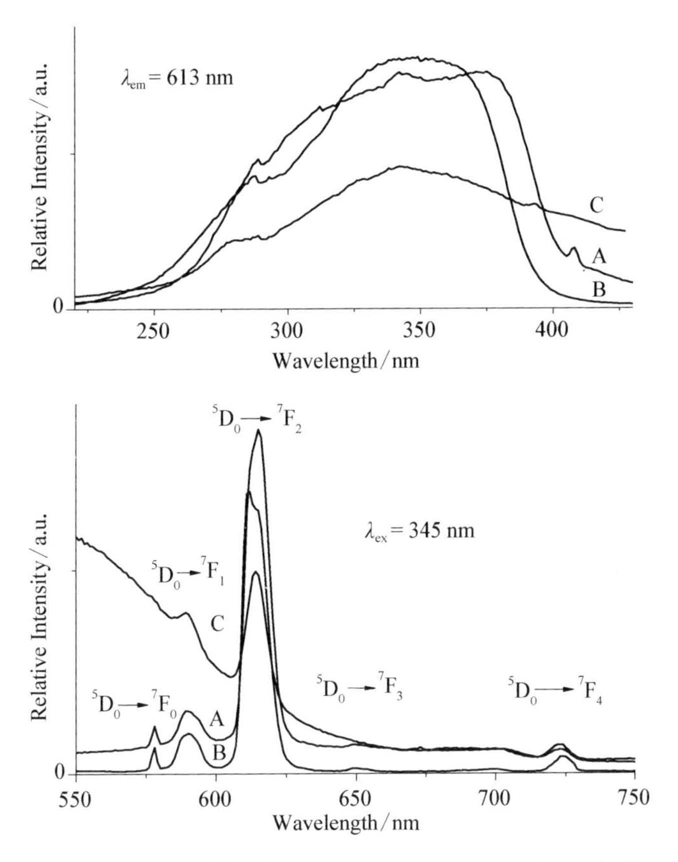

图 3-24 稀土杂化材料 TTA-Si-Eu-PVPD(A)/PMAA(B)/PVPDMAA(C)的激发、发射光谱图

测 Eu^{3+} 在 613 nm 处的发射强度随激发波长的变化而测定的，三种杂化材料均在 345 nm 处出现宽吸收峰，源于有机配体 TTA 的吸收峰，对应于图 3-23(A) 中单独有机配体 TTA 的吸收峰。发射光谱图(Ⅱ)以最大吸收的 350 nm 作为激发光波长，得到了位于 577 nm，589 nm，613 nm，651 nm 和 723 nm 处的铕离子的 $^5D_0 \to {}^7F_J$ ($J=0$, 1, 2, 3, 4)锐线特征发射峰，这说明在三种杂化材料中进行了有效的分子内能量传递，也可能是由于刚性的硅氧网络以及有序的聚合物长链取代了中心离子周围的配位水分子，从而限制了羟基振动引起的能量猝灭等因素。根据分子内能量传递机制所述，分子内能量传递效率主要取决于两个过程：Dexter 提出的能量传递理论-能量从配体三线态能级传至稀土离子激发态能级的过程和热去活化过程。这两个过程的传递效率都受配体三线态能级与稀土离子激发态能级差影响，能级差过大使得配体的发射光谱与中心离子吸收光谱间的重叠程度降低，因此不利于能量从配体三线态能级传至稀土离子激发态能级；能级差过小时导致热去活化速率大于向中心离子激发态跃迁速率，而且能量从中心离子激发态能级向配体三线态能级逆向跃迁的概率增大，也不利于能量的有效传递。因此在配体三线态能级与稀土离子激发态能级间存在一个合适的能级差范围。稀土 Eu^{3+} 的 $^5D_0$ 能级为 17 250 cm^{-1}，有机配体 TTA 的能级为 20 400 cm^{-1}，二者之间的能量差为 3 150 cm^{-1}，所以有机配体 TTA 可以很好的将能量传递给稀土离子，从而最终杂化材料具有良好的光性能。位于 613 nm 处的 $^5D_0 \to {}^7F_2$ 发射峰属于电偶极跃迁，荧光强度大于位于 589 nm 处的 $^5D_0 \to {}^7F_1$ 磁偶极跃迁，说明中心铕离子周围的化学环境对称性较低，铕离子处于偏离反演对称中心的位置上[147]。通常用这两个跃迁的荧光相对强度比值(I_{02}/I_{01})来表明中心稀土离子周围的化学环境。在三种杂化材料中，谱线 C 存在着较高的基线，而且荧光相对强度也低于谱线 A 和 B。我们推断，因为聚合物 PVPDMAA 是由两种单体形成的共聚物，而聚合物 PVPD，PMAA 均为单聚物，在一个配位基元中同时存在聚合物 PVPDMAA 的吡啶环和羧基，而且二者均作为配位基团参与配位，因此在有限的空间内，聚合物 PVPDMAA 参与配位时存在较大的空间位阻，影响了稀土离子周围的配位环境，从而影响了能量的传递效率以及最终材料的光性能。

（8）荧光寿命与量子效率

为了更加深入地研究杂化体系的荧光效率，我们选取铕离子体系，测定了其 $^5D_0$ 激发态的荧光寿命，并依据铕离子荧光发射谱图和荧光寿命数据计算了铕离子的 $^5D_0$ 激发态的量子效率[148-154]。发光材料的量子效率主要有两个影响因素，一个是荧光寿命，另一个是 I_{02}/I_{01} 的值，即红橙比。如果荧光寿命长，同时红橙比又比较大的话，材料的量子效率就相对较高。

表 3-7 给出了铕离子杂化体系的荧光寿命和量子效率的数据。从表中可以看出，含聚合物 PVPD，PMAA 的三元杂化材料的红橙光比率 I_{02}/I_{01} 和自发辐射跃迁系数都要比含共聚物 PVPDMAA 的三元杂化材料高很多，荧光寿命前两者也较后者高，因此三元杂化材料 TTA-Si-Eu-PVPD/PMAA 具有较好的量子效率，说明聚合物的引入一定程度上减少了铕离子周围配位水分子的荧光猝灭作用。由于聚合物 PVPDMAA 的空间位阻效应，影响了配位基团与稀土离子的配位，从而影响了能量的传递效率以及最终材料的量子效率（表 3-7）。

表 3-7　稀土铕离子杂化材料 TTA-Si-Eu-PVPD/PMAA/PVPDMAA 的荧光寿命及量子效率

Hybirds	TTA-Si-Eu-PVPD	TTA-Si-Eu-PMAA	TTA-Si-Eu-PVPDMAA
I_{02}/I_{01}	11.2	8.8	3.4
A_{01}/s^{-1}	50.0	50.0	50.0
A_{02}/s^{-1}	587.3	455.5	126.9
$\tau/(\mu s)^c$	500.3	436.3	405.2

续 表

Hybirds	TTA-Si-Eu-PVPD	TTA-Si-Eu-PMAA	TTA-Si-Eu-PVPDMAA
A_{rad}/s^{-1}	707.5	567.9	198.5
τ_{exp}^{-1}/s^{-1}	1 999	2 292	2 468
A_{nrad}/s^{-1}	1 292	1 724	2 269
η/(%)	35.4	24.8	14.5

3.3.4 基于β-萘甲酰三氟丙酮桥分子及稀土三元杂化材料的表征

(9) 红外光谱

图 3-25 给出了β-萘甲酰三氟丙酮配体 NTA(A)、羟基修饰桥分子 NTA-Si(B)和稀土三元杂化材料 NTA-Si-Eu-PVPD(C)的红外光谱图。从图中我们可以清晰的看到,A 图中位于 3 108 cm^{-1}处的尖锐的吸收峰来自 NTA 中亚甲基的伸缩振动,被 B 图中位于 2 971 cm^{-1}左右的三个峰代替,这三个峰来自偶联剂的三个亚甲基的伸缩振动。B 图中位于 1 167 和 1 071 cm^{-1}处的吸收峰源于 Si—C 和 Si—O 键的伸缩振动,后者没有形成较大范围的宽峰,说明桥分子中的硅氧烷集团并没有发生水解反应,另外位于 3 377 cm^{-1}和 1 523 cm^{-1}处的两个吸收峰分别来自生成的—NH—的伸缩振动和弯曲振动。B 图中位于 1 702 cm^{-1}和 1 635 cm^{-1}处的两个峰代表酰胺基—CONH—的吸收振动峰,证明了桥分子中—CONH—基团的存在,并在杂化材料 C 图中移至 1 656 cm^{-1}和 1 598 cm^{-1}。在杂化材料 C 图中,位于 1 080~1 168 cm^{-1}区间和 461 cm^{-1}处的吸收峰来自硅氧网络(—Si—O—Si—)的伸缩振动和弯曲振动吸收峰,证明了硅氧基团已经水解形成无机网络骨架。另外,B 图中在 2 200~2 400 cm^{-1}区间内没有发现明显的 N═C═O基团的伸缩振动峰,这充分证明三乙氧基硅基异氰酸丙酯已完全地发生反应。以上所有讨论都证明了桥分子和三元杂化材料的制备成功。

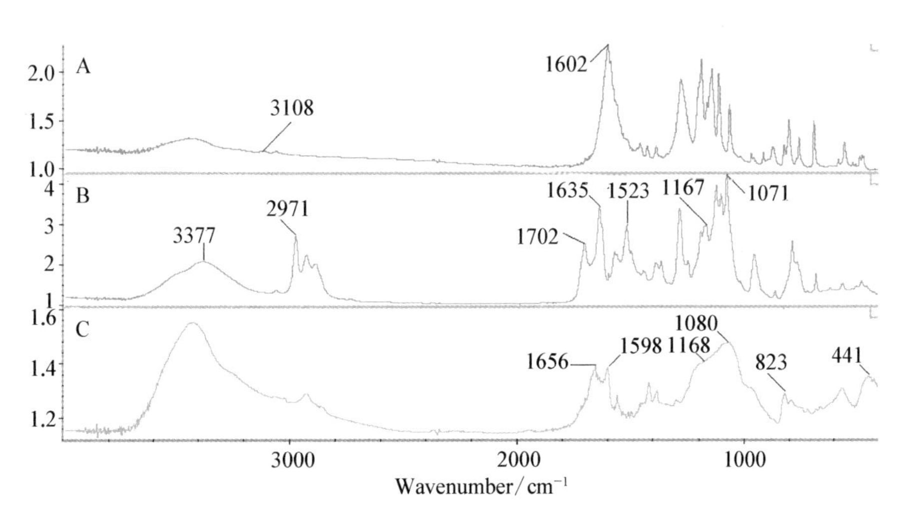

图 3-25　配体 NTA(A)，桥分子 NTA-Si(B)和三元杂化材料 NTA-Si-Eu-PVPD 的红外光谱图

(10) 紫外光谱

图3-26给出了β-萘甲酰三氟丙酮配体NTA(A)，羟基修饰桥分子NTA-Si(B)和稀土三元杂化材料NTA-Si-Eu-PVPD(C)的紫外光谱图。从图中我们可以清晰的看到，谱线A的两个紫外吸收峰分别位于248 nm和330 nm，源于萘环和两个羰基的共轭结构的吸收，在谱线B中移至268 nm和345 nm，发生了大约18 nm的红移，此现象同样发生在有机配体噻吩甲酰三氟丙酮的紫外光谱图。我们推断，相对于有机配体NTA来说，桥分子NTA-Si的$\pi \rightarrow \pi^*$电子跃迁发生了变化，电子基态与激发态之间的能级差变小，可能是由于偶联剂的引入，使整个桥分子的结构趋于稳定，共轭平面增大，促进了电子在能级间的跃迁。当形成配合物后，位于345 nm的峰在谱线C中移至335 nm，发生了蓝移，而且吸收峰的峰形发生了变化，说明桥分子参与配位后，自身电子排布发生了改变，而且由于聚合物PVPD吡咯环刚性平面的引入，使得整个分子的电子重新分布。以上讨论表明偶联剂与有机配体之间氢转移反应的完成以及桥分子和三元杂化材料的成功制备。

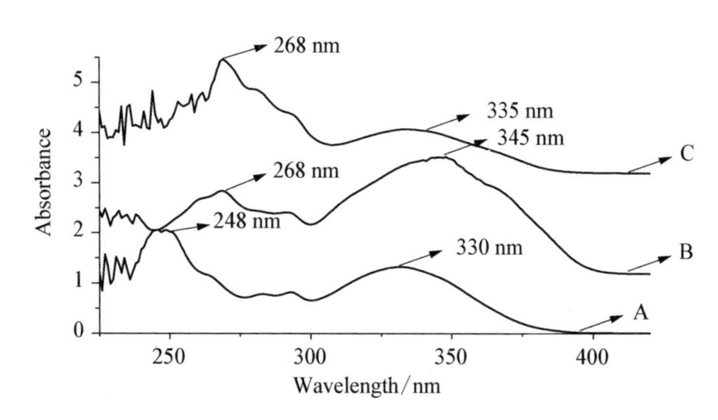

图 3-26 配体 NTA(A),桥分子 NTA-Si(B)和杂化材料 NTA-Si-Eu-PVPD(C)紫外光谱图

(11) X-射线粉末衍射

图 3-27 给出了稀土铕三元杂化材料(NTA-Si-RE-PVPD(A)/PMAA(B)/PVPDMAA(C))的 X-射线粉末衍射图。从图中可以看到得到的三元杂化材料都在 20°～21°处表现出一个比较弱的宽峰,这是无定形的硅基材料的一个典型特征[141-143],因此推断材料整体表现为短程有序,长程无序的规律[158]。图中,谱线 A 和 B 的衍射峰强度大于谱线 C,说明 C 无定形程度更大,可能是由于聚合物 PVPDMAA 是共聚物,所以两种单体加聚时扰乱了规则的有机碳链排布。具有长碳链的聚合物有一定的有序性,

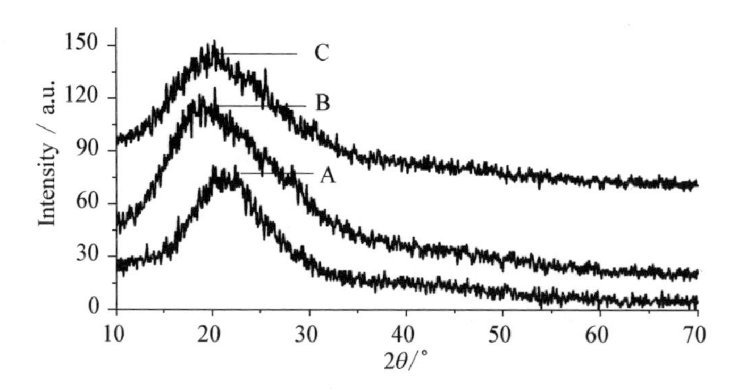

图 3-27 稀土铕杂化材料 NTA-Si-Eu-PVPD(A)/PMAA(B)/PVPDMAA(C)的 XRD 图

但是将其引入杂化材料后并没有降低材料的无序性，因此，我们可以得出以下结论：在最终的三元杂化材料中，既没有稀土硝酸盐晶体的存在，或者纯有机基团晶体的存在，也没有稀土有机配合物晶体的生成，整个材料更多的表现了无定形硅基材料的特征。

(12) TG分析

为研究所得的杂化材料的热力学行为，我们采用热重分析对所得材料的热力学稳定性进行了表征。图3-28给出了稀土铕三元杂化材料NTA-Si-Eu-PMAA的TG-DTG图。从图中看出，杂化材料从123.1℃开始失重，到270.6℃约有14.1%的质量失去，在175.3℃时失重速率最大，这个温度接近溶剂DMF的沸点，所以这段失重源于残留溶剂DMF和极少量配位水的热解。除去已分解的残留溶剂DMF和配位水分子，根据推测的分子结构计算，桥分子NTA-Si和聚合物PVPD约占总质量的37%，图中可以看出第二失重区间位于319.2℃～408.7℃，在362.8℃时失重速率最大，到410℃左右材料又失去了约29.5%的质量，源于桥分子以及有机聚合物的热分解。当温度达到720℃左右，最终残留物为35.6%，源于无机硅氧网络骨架的存在。总体来说，相对于纯粹的稀土配合物，含有聚合物的稀

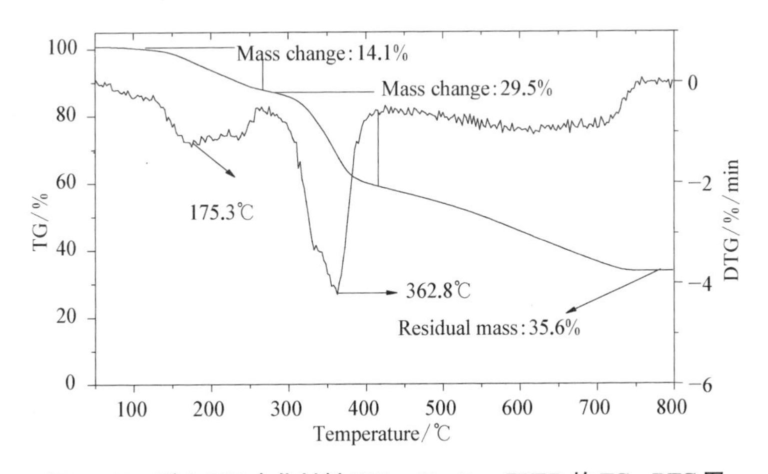

图3-28　稀土三元杂化材料NTA-Si-Eu-PVPD的TG-DTG图

土三元杂化材料表现出较好的热稳定性。

(13) 扫描电镜

图 3 - 29 给出了稀土铕三元杂化材料 NTA - Si - Eu - PMAA(A)/PVPD(B)/PVPDMAA(C)的扫描电镜图。从三种杂化材料的扫描电镜图片中看出,由于无机组分与有机配体、有机聚合物三者通过偶联剂的水解缩聚作用以及与稀土离子的配位作用连接起来,三者之间存在着共价键或配位键的强作用力,因此无机组分和有机组分之间没有出现两相分离的现象,初步实现了制备以共价键为主要作用力的杂化材料的构想[145,146]。

从图(A)中看出,含有聚合物 PMAA 的三元杂化材料形成了规则分布、大小均一的颗粒。从图(B)和图(C)中看出,含有聚合物 PVPD 和

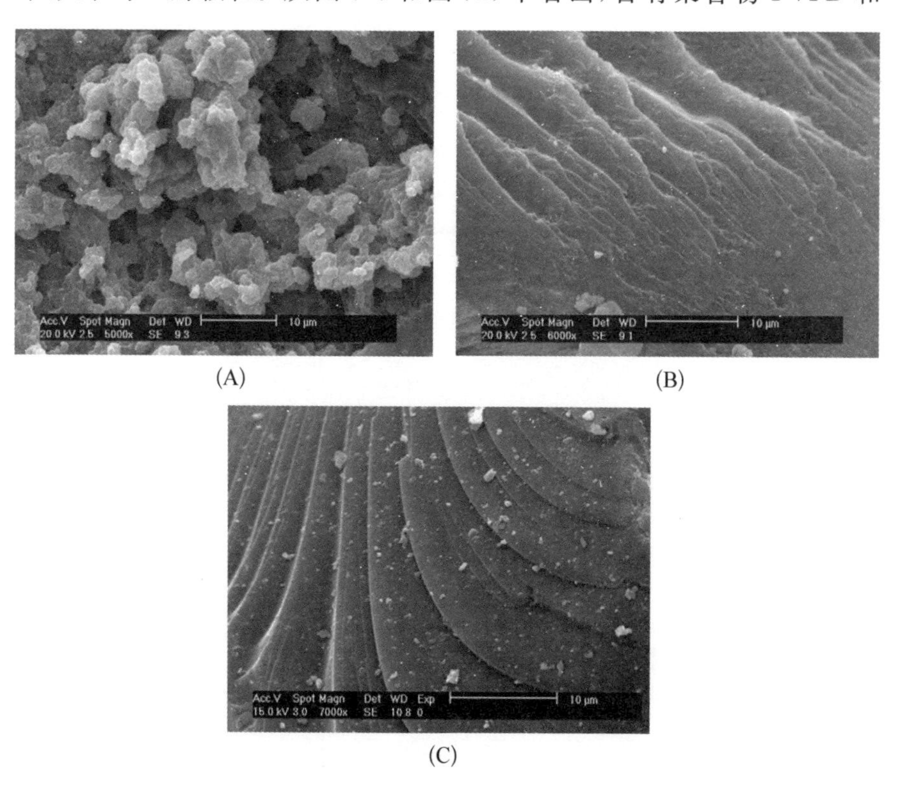

(A) (B)

(C)

图 3 - 29 稀土铕三元杂化材料 NTA - Si - Eu - PMAA(A)/PVPD(B)/PVPDMAA(C)的 SEM 图

PVPDMAA 的三元杂化材料形成了规则的条纹状结构，因此我们推断，这三种聚合物除了在水平方向上存在长碳链以外，在垂直方向上 PMAA 仅有一个羧基和稀土离子配位，而 PVPD 和 PVPDMAA 有一个吡啶环与稀土离子配位，所以 PVPD 和 PVPDMAA 自身具有较大的空间结构，配位时存在较大的空间位阻，影响了稀土离子周围的配位环境，从而使最终的材料沿着一个方向形成体积相对较小的长条树枝状结构。由于 PVPD 是单聚物，PVPDMAA 是共聚物，两种杂化材料的条纹状结构的大小略有不同。而 PMAA 相对于其他两种聚合物来说空间构型体积较小，因此杂化材料可以沿着空间三个方向形成球形颗粒的微观形貌。同样的现象也存在于羟基修饰的噻吩甲酰三氟丙酮的稀土三元杂化材料中。

(14) 荧光光谱

图 3-30 给出了稀土铕杂化材料 NTA-Si-Eu-PVPD(A)/PMAA(B)/PVPDMAA(C)的激发(Ⅰ)、发射(Ⅱ)光谱图。激发光谱均是通过检测 Eu^{3+} 在 613 nm 处的发射强度随激发波长的变化而测定的，三种杂化材料均在 370 nm 处出现宽吸收峰，源于有机配体 NTA 的吸收峰。发射光谱图(Ⅱ)以最大吸收的 370 nm 作为激发光波长，得到了位于 578 nm，589 nm，613 nm，650 nm 和 699 nm 处的铕离子的 $^5D_0 \rightarrow {}^7F_J$ ($J=0$, 1, 2, 3, 4)锐线特征发射峰，这说明在三种杂化材料中进行了有效的分子内能量传递，也可能是由于刚性的硅氧网络以及有序的聚合物长链取代了中心离子周围的配位水分子，从而限制了羟基振动引起的能量猝灭等因素。根据分子内能量传递机制所述，分子内能量传递效率主要取决于两个过程：Dexter 提出的能量传递理论，能量从配体三线态能级传至稀土离子激发态能级的过程和热去活化过程。这两个过程的传递效率都受配体三线态能级与稀土离子激发态能级差影响，因此，在配体三线态能级与稀土离子激发态能级间存在一个合适的能级差范围。稀土 Eu^{3+} 的 $^5D_0$ 能级为 17 250 cm^{-1}，有机配体 NTA 的能级为 19 600 cm^{-1}，二者之间的能量差为 2 350 cm^{-1}，所

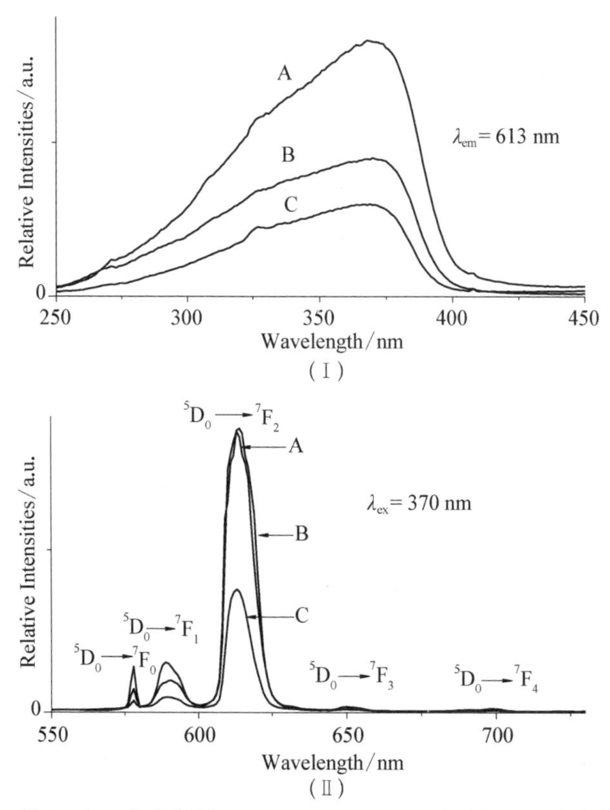

图 3-30　杂化材料 NTA-Si-Eu-PVPD(A)/PMAA(B)/PVPDMAA(C)的激发(Ⅰ)和发射(Ⅱ)光谱图

以有机配体 NTA 可以很好的将能量传递给稀土离子，从而使得最终的杂化材料具有良好的光性能。位于 613 nm 处的$^5D_0 \to ^7F_2$ 发射峰属于电偶极跃迁，荧光强度大于位于 589 nm 处的$^5D_0 \to ^7F_1$ 磁偶极跃迁，说明中心铕离子周围的化学环境对称性较低，铕离子处于偏离反演对称中心的位置上[147]。通常用这两个跃迁的荧光相对强度比值(I_{02}/I_{01})来表明中心稀土离子周围的化学环境。谱线 C 的荧光相对强度明显小于谱线 B 和 C，可能是因为聚合物 PVPDMAA 是由两种单体形成的共聚物，而聚合物 PVPD，PMAA 均为单聚物，在一个配位基元中同时存在聚合物 PVPDMAA 的吡啶环和羧基，而且二者均作为配位基团参与配位，因此，在有限的空间内，

聚合物 PVPDMAA 参与配位时存在较大的空间位阻，影响了稀土离子周围的配位环境，从而影响了能量的传递效率以及最终材料的光性能。另外，其他因素也应该考虑，例如光吸收效率、中心离子浓度以及热去活化速率等。

（15）荧光寿命与量子效率

为了更加深入地研究杂化体系的荧光效率，我们选取铕离子体系，测定了其$^5D_0$激发态的荧光寿命，并依据铕离子荧光发射谱图和荧光寿命数据计算了铕离子的$^5D_0$激发态的量子效率[148-154]。发光材料的量子效率主要有两个影响因素，一个是荧光寿命，另一个是 I_{02}/I_{01} 的值，即红橙比。如果荧光寿命长，同时红橙比又比较大的话，材料的量子效率就相对较高。

表3-8给出了铕离子杂化体系的荧光寿命和量子效率的数据。整体来看，三种三元杂化材料具有较好的量子效率，说明聚合物的引入一定程度上减少了铕离子周围配位水分子的荧光猝灭作用。相对于含聚合物 PVPDMAA 的三元杂化材料，含聚合物 PMAA 的材料的红橙光比率 I_{02}/I_{01} 以及自发辐射跃迁系数较小，但是由于其前者的荧光寿命非常低，因此最终的量子效率远大于前者，由于聚合物 PVPDMAA 在一个有限的配位基元中，自身的吡啶环和羧基基团同时充当配位基团，具有较大的空间位阻效应，从而影响了能量的有效传递效率以及最终材料的荧光寿命。相对于含聚合物 PVPD 的杂化材料，含聚合物 PMAA 的材料的荧光寿命较大，但是由于红橙光比率 I_{02}/I_{01} 过于小，因此，量子效率小于前者，说明前者具有更有效的红光发射和更高的色纯度。

表3-8　稀土铕离子杂化材料 NTA-Si-Eu-PVPD/PMAA/PVPDMAA 的荧光寿命及量子效率

Hybrids	NTA-Si-Eu-PVPD	NTA-Si-Eu-PMAA	NTA-Si-Eu-PVPDMAA
I_{02}/I_{01}	9.3	5.7	7.9
A_{01}/s^{-1}	50.0	50.0	50.0

续　表

Hybrids	NTA - Si - Eu - PVPD	NTA - Si - Eu - PMAA	NTA - Si - Eu - PVPDMAA
A_{02}/s^{-1}	485.4	294.6	409.5
$\tau/(ms)^c$	0.463	0.506	0.269
A_{rad}/s^{-1}	592.2	400.6	517.3
τ_{exp}^{-1}/s^{-1}	1 768.0	2 741.2	3 282.9
A_{nrad}/s^{-1}	1 617.0	2 575.7	3 134.0
$\eta/(\%)$	27.42	20.27	13.94

3.3.5 基于5,11,17,23-四叔丁基-25,27-二羟基-26,28-溴丙氧基杯[4]芳烃桥分子及稀土二元、三元杂化材料的表征

(1) 氢核磁数据

[$C_{70}H_{108}O_{12}Br_2N_2Si_2$](400 MHz,溶剂为 $CDCl_3$) δ: 0.67(t, 4H), 0.82, 1.01(s, 36H), 1.24(t, 18H), 1.73(m, 4H), 2.23(m, 4H), 2.53(m, 4H), 3.33, 3.36(t, 4H), 3.82(m, 12H), 4.00, 4.11(t, 4H), 4.25, 4.28(s, 8H), 4. 34(t, 2H), 6.86, 7.05(s, 8H)。

氢谱数据表明了所合成的化合物中氢原子的数目和所处的化学环境,通过分析可以得出所合成的桥分子的结构。从核磁数据中看出,位于4.34 ppm处的—CONH—基团的化学位移信号的出现,位于0.67 ppm,1.73 ppm,2.23 ppm处的与—CONH—基团相连的亚甲基峰的劈裂,以及位于10.34 ppm处的羟基信号的消失都说明了三乙氧基硅基异氰酸丙酯的N═C═O基团与羟基发生了氢亲核反应。另外,位于1.24 ppm和3.82 ppm处的峰表明了在桥分子中硅氧烷基团没有发生水解反应。以上所有讨论证明了桥分子的成功制备。

(2) 红外光谱

图3-31给出了偶联剂三乙氧基硅基异氰酸丙酯TEPIC(A),配体溴

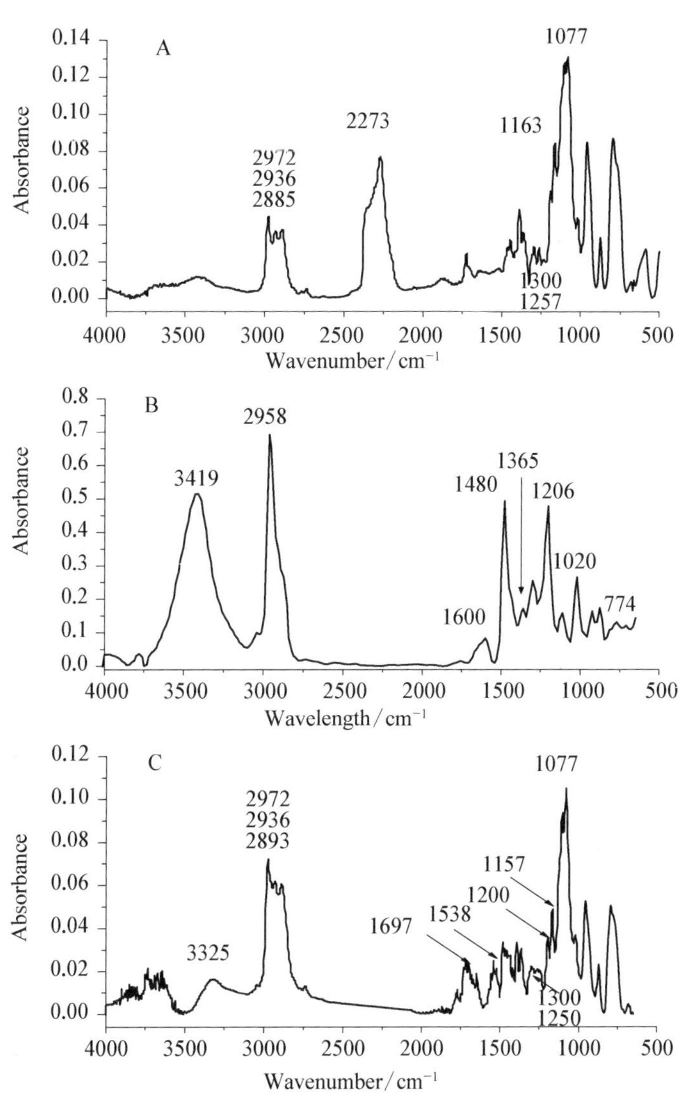

图 3-31　偶联剂 TEPIC(A),配体 Calix-Br(B)和桥分子 Calix-Br-Si(C)的红外光谱图

杯[4]芳烃 Calix-Br(B),桥分子 Calix-Br-Si(C)的红外光谱图。从图中我们可以清晰的看到,A 图中位于 2 972 cm^{-1},2 936 cm^{-1}和 2 885 cm^{-1}处的三个尖锐的吸收峰来自偶联剂 TEPIC 中三个亚甲基的伸缩振动,位于 2 273 cm^{-1}处的吸收峰对应异氰酸酯基,在 B 图中在这个位置附近没有观测到，说明异氰酸酯基团参加了反应。A 图中位于 1 077 cm^{-1}处的吸收峰源于 Si—O 键的伸缩振动，位于 1 300 cm^{-1}，1 257 cm^{-1}和 1 163 cm^{-1}处的三个吸收峰源于 Si—C 键的不对称、对称和弯曲伸缩振动，在 C 图中这三个峰移至 1 300 cm^{-1}，1 250 cm^{-1}，1 157 cm^{-1}。另外在 B 图中，位于 1 365 cm^{-1}，1 206 cm^{-1}和 774 cm^{-1}处的吸收峰分别来自于 $C(CH_3)_3$，Ar—O 和 Ar—H 键的吸收，位于 3 419 cm^{-1}处的宽峰源于苯酚上的缔合羟基的伸缩振动，而在 C 图中没有被观测到，说明羟基发生了反应，位于 2 958 cm^{-1}处的峰源于配体亚甲基的吸收，被 C 图中位于 2 972 cm^{-1}，2 936 cm^{-1}和 2 893 cm^{-1}处的吸收峰掩盖，这三个峰来自偶联剂的三个亚甲基的伸缩振动，说明偶联剂 TEPIC 与配体 Calix－Br 之间发生了氢转移亲核反应。C 图中位于 3 325 cm^{-1}，1 697 cm^{-1}和 1 538 cm^{-1}的吸收峰分别来自仲胺基和羰基的振动吸收峰，位于 1 200 cm^{-1}处的吸收峰来自 Ar—O—C═O 基团的振动吸收，位于 1 157 cm^{-1}和 1 077 cm^{-1}处的吸收峰源于 Si—C 和 Si—O 键的伸缩振动，后者没有形成较大范围的宽峰，说明桥分子中的硅氧烷集团并没有发生水解反应。以上所有讨论都证明了桥分子和三元杂化材料的制备成功。

(3) 紫外光谱

图 3－32 给出了配体溴杯[4]芳烃 Calix－Br 和羟基修饰桥分子 Calix－Br－Si 的紫外光谱图。从图中我们可以清晰地看到，谱线 A 的两个紫外吸收峰分别位于 246 nm，282 nm，源于杯芳烃苯环的共轭结构的吸收，在谱线 B 中移至 242 nm 和 283 nm，发生了大约 5 nm 的蓝移。我们推断，相对于配体 Calix－Br 来说，经过修饰后的桥分子 Calix－Br－Si 的电子排布发生了变化，其 $\pi \rightarrow \pi^*$ 电子跃迁也有了一些改变，电子基态与激发态之间的能级差变大，可能是由于偶联剂的引入，使整个桥分子的结构过于庞大，在有限的空间中存在着较大的位阻效应，可能降低了分子的稳定性，限制了电子在能级间的跃迁。紫外光谱图表明偶联剂与配体溴杯[4]芳烃之间氢转移反应的完成。

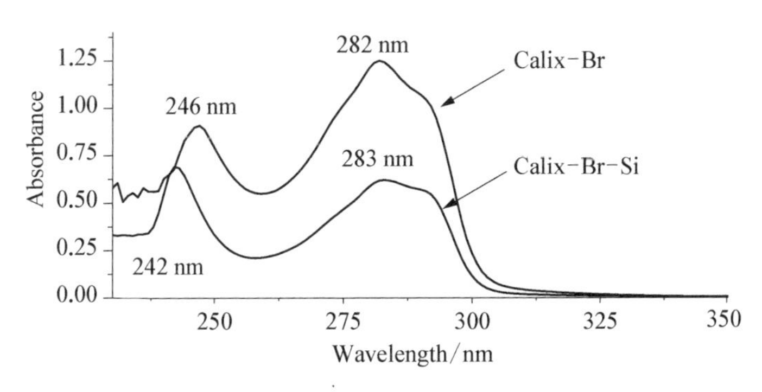

图 3-32　配体 Calix-Br 和桥分子 Calix-Br-Si 的紫外光谱图

(4) 磷光光谱

图 3-33 给出了配体溴杯[4]芳烃 Calix-Br、羟基修饰桥分子 Calix-Br-Si 和聚合物乙烯吡啶 PVPD 的低温磷光光谱图，该图在温度 77 K，狭缝为 5 nm 的条件下测得。从图中可以看出，原料溴杯[4]芳烃 Calix-Br 在 413 nm 处出现磷光发射峰，对应其自身三线态能级(24 270 cm^{-1})，经过氢转移反应之后，桥分子的磷光吸收峰发生红移至 430 nm，对应其自身三线态能级(23 920 cm^{-1})，说明芳香羧酸类桥分子通过羟基修饰而成功制备。聚合物 PVPD 的磷光发射峰位于 432 nm 处，对于自身能量为(23 040 cm^{-1})。根据分子内能量传递机制所述，分子内能量传递效率主要取决于两个过程：能量从配体三线态能级到稀土离子激发态能级的传递过程和能量的热去活化过程。这两个过程的传递效率都受配体三线态能级与稀土离子激发态能级差影响。从文献中已知中心稀土离子 Tb^{3+} ($^5D_4$ 20 430 cm^{-1}) 和 Eu^{3+} ($^5D_0$ 17 250 cm^{-1})的激发态能级，因此，羟基修饰桥分子 Calix-Br-Si 首先吸收能量，将吸收的能量无辐射传递给聚乙烯吡啶 PVPD，之后由 PVPD 将能量有效地传递给稀土离子，从而敏化其发光。从能级匹配程度上可以得出，桥分子与聚合物与中心 Tb 离子比与 Eu 离子的能量匹配程度要好，理论上更有效的敏化了含中心 Tb^{3+} 的杂化材料发光。

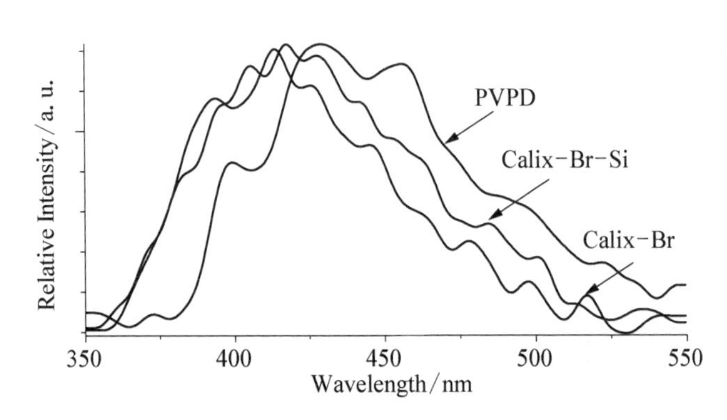

图 3-33 配体 Calix-Br,聚合物 PVPD 和桥分子 Calix-Br-Si 的低温磷光光谱图

(5) TG 分析

为研究所得的杂化材料的热力学行为,我们采用热重分析对所得材料的热力学稳定性进行了表征。图 3-34 给出了稀土铕二元 Calix-Br-Si-Eu(A)和三元杂化材料 Calix-Br-Si-Eu-PVPD(B)/PMAA(C)的 TG-DTG 图。从曲线 A 看出,杂化材料在 125℃左右出现大约 43%的失重,源于材料中的残留溶剂 DMF 和水分子的存在。曲线 B、曲线 C 中,在 178℃时左右分别出现大约 21%和 25%的失重,说明二元杂化材料中的溶剂比重多于三元杂化材料,因为在三元杂化材料中聚合物参与配位,补足了一部分配位数,但在二元材料中,不存在聚合物,只能由溶剂分子 DMF 和水分子来补足配位数。曲线 A 中,第二个失重峰开始于 180℃,结束于 279℃,大约有 17%的失重,在 228℃时失重速率最快,B 和 C 图中,材料显示出了相似的热稳定性,失重过程从 232℃开始到 322℃结束,失重速率最大是在 297℃,这个时段的失重峰源于羟基修饰有机配体桥分子的热解,说明在三元杂化材料中桥分子与硅氧网络以及中心离子的结合比在二元杂化材料中稳定。在 409℃左右,曲线 B 存在一个持续的失重峰,曲线 C 中是一个明显的大约 32%的失重,此阶段的失重在曲线 A 中并没有发现,源于聚合物的碳链的热分解,由于聚合物 PVPD 和 PMMA 的结构和质量都不相同，所以三元杂化材料的热稳定性稍微有些差异。曲线 A、曲线 B 和曲线 C 中，二元和三元杂化材料在1 000℃左右分别残留有 13%，38%和 29%的质量。总体来说，相比于纯粹的稀土配合物以及二元杂化材料，含有聚合物的稀土三元杂化材料表现出较好的热稳定性。

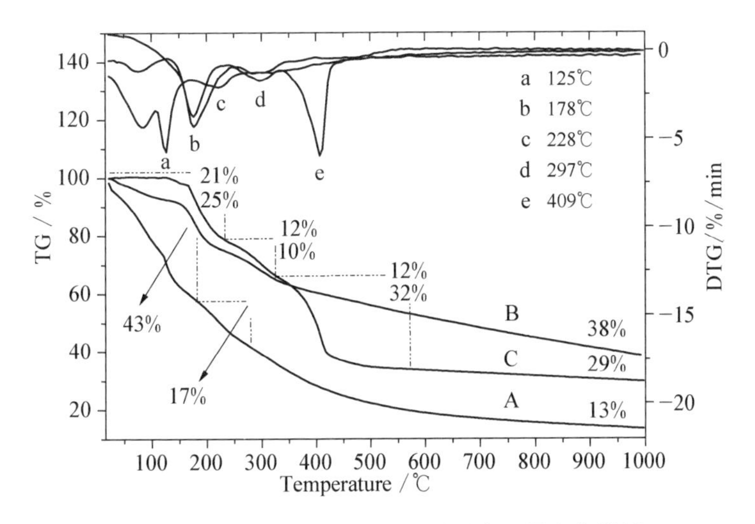

图 3-34　稀土二元 Calix-Br-Si-Eu(A)和三元杂化材料 Calix-Br-Si-Eu-PVPD(B)/PMAA(C)的 TG-DTG 图

(6) 紫外可见漫反射光谱

图 3-35 为二元 Calix-Br-Si-Eu(A)/Tb(D)，三元 Calix-Br-Si-Eu(B)/Tb(E)/Zn(G)/Nd(H)-PVPD，Calix-Br-Si-Eu(C)/Tb(F)-PMMA 杂化材料的紫外可见漫反射吸收光谱图。所有的杂化材料在200～400 nm 区间都出现了一个宽峰，半峰宽都在 100 nm 左右，源于羟基修饰桥分子以及硅氧无机网络的吸收，部分与荧光激发光谱中的激发峰重叠。曲线 A，B 和 C 在 613 nm 出有尖锐的倒峰，源于中心铕离子的特征发射。与 A 相比，B 和 C 的宽吸收峰有一定移动，这是因为聚合物的加入，改变了分子内能量传递过程和中心离子的配位环境。曲线 D，E 和 F 在545 nm处存在尖锐的倒峰，源于中心铽离子的特征发射。与 D 相比，E 和

F 的峰位置有了一定的移动，两者的峰形基本相似，这是由于聚合物的加入对传能过程和配位环境的影响。曲线 G 除了在紫外区存在宽的吸收峰外，没发现特征发射峰。曲线 H 在 521 nm，580 nm，742 nm，800 nm 和 870 nm 处存在五个尖锐的吸收峰，源于中心钕离子的 f－f 电子跃迁。以上讨论证明了聚合物的加入和中心离子的改变影响了最终杂化材料在紫外可见区域内的吸收峰位置以及峰形。

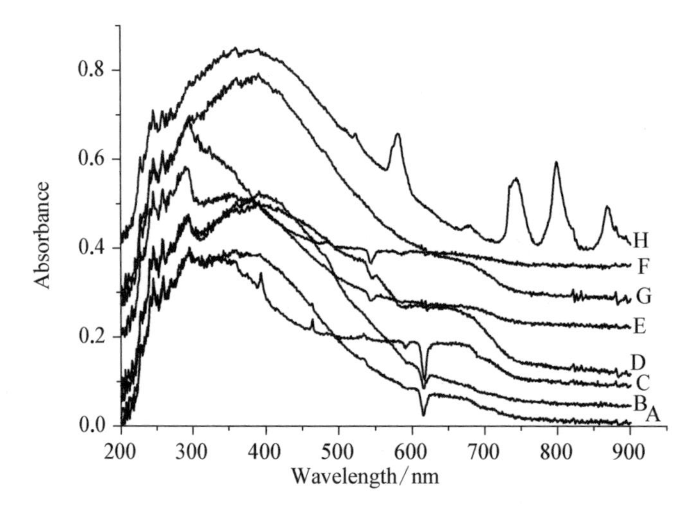

图 3－35　稀土二元 Calix－Br－Si－Eu(A)/Tb(D)和三元杂化材料 Calix－Br－Si－Eu(B)/Tb(E)/Zn(G)/Nd(H)－PVPD,/Calix－Br－Si－Eu(C)/Tb(F)－PMMA 的紫外可见漫反射光谱图

(7) 扫描电镜

图 3－36 给出了稀土二元杂化材料 Calix－Br－Si－Eu(A)/Tb(B)，三元杂化材料 Calix－Br－Si－Eu(C)/Tb(D)/Nd(E)/Zn(F)－PVPD 和 Calix－Br－Si－Eu(G)/Tb(H)－PMMA 的扫描电镜图。从二元和三元杂化材料的扫描电镜图片中看出，由于无机组分与有机配体、有机聚合物三者通过偶联剂的水解缩聚作用以及与稀土离子的配位作用连接起来，三者之间存在着共价键或配位键的强作用力，因此无机组分和有机组分之间没有出现两相分离的现象，初步实现了制备以共价键为主要作用力的杂化材

料的构想[145,146]。

从图(A)和图(B)中看出,二元杂化材料表面均匀分布着直径大约 3 μm 的薄层突起,从图(C),图(D)和图(E)中看出,含有聚合物 PVPD 的稀土三

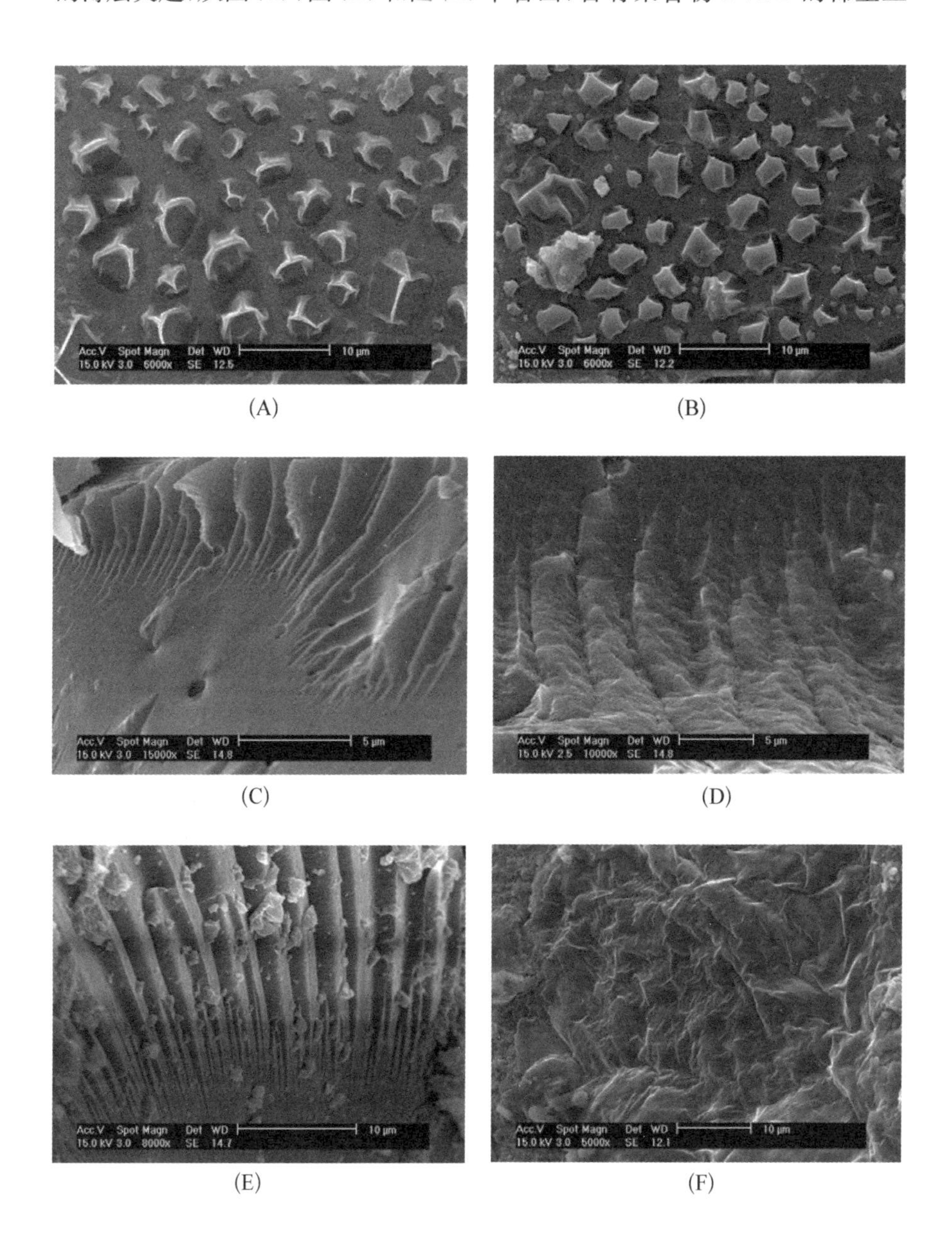

(A)　(B)

(C)　(D)

(E)　(F)

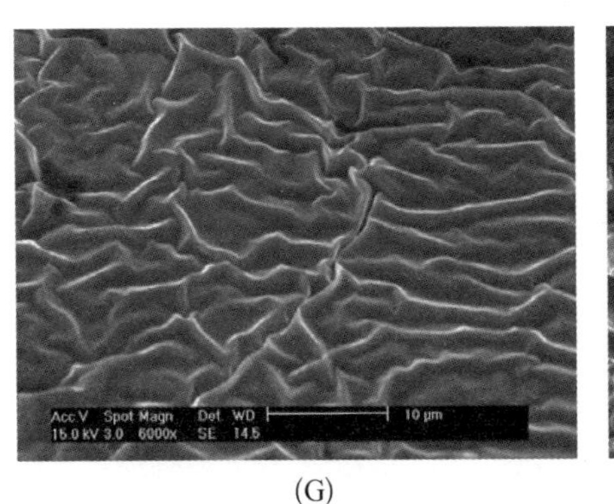

(G)

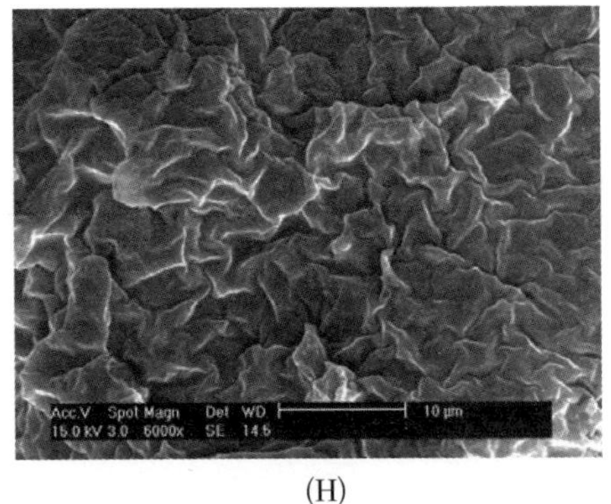

(H)

图 3-36 稀土二元 Calix-Br-Si-Eu(A)/Tb(B)和三元杂化材料 Calix-Br-Si-Eu(C)/Tb(D)/Nd(E)/Zn(F)-PVPD,/Calix-Br-Si-Eu(G)/Tb(H)-PMMA 的 SEM 图

元杂化材料表面分布着规则的树枝状条纹结构，由于这三种杂化材料的中心离子都为镧系元素，而且聚合物 PVPD 除了水平方向上存在碳-碳主链，在竖直方向上还连有侧链吡啶环基团，所以与稀土离子配位时空间位阻比较大，易形成占有较小体积的链状结构。图(E)中，由于中心离子为过渡系金属 Zn，其离子半径与配位环境都与镧系元素不同，所以最终的杂化材料是呈现平面褶皱状结构。图(G)和图(H)中看出，含有聚合物 PMMA 的三元杂化材料的表面形成了规则的大脑皮层状的褶皱结构，我们推断，聚合物 PMMA 除了在水平方向上存在长碳链以外，在垂直方向上 PMAA 仅有一个脂基和稀土离子配位，所以配位时存在较小的空间位阻，对稀土离子配位环境有一定的影响，材料可以向周围空间各个方向生长，形成了向四面八方延伸的褶皱层。由此我们可以看出，不同的组成，不同的中心离子以及不同结构的聚合物都对最终杂化材料的微观形貌产生影响。

(8) 荧光光谱

图 3-37 给出了稀土配合物 RE-PVPD(A)，二元 Calix-Br-Si-RE(B)和三元 Calix-Br-Si-RE-PVPD(C)/PMMA(D)杂化材料的荧光光谱图，(Ⅰ)和(Ⅱ)为含铽杂化材料激发和发射光谱图，(Ⅲ)和(Ⅳ)为含铕

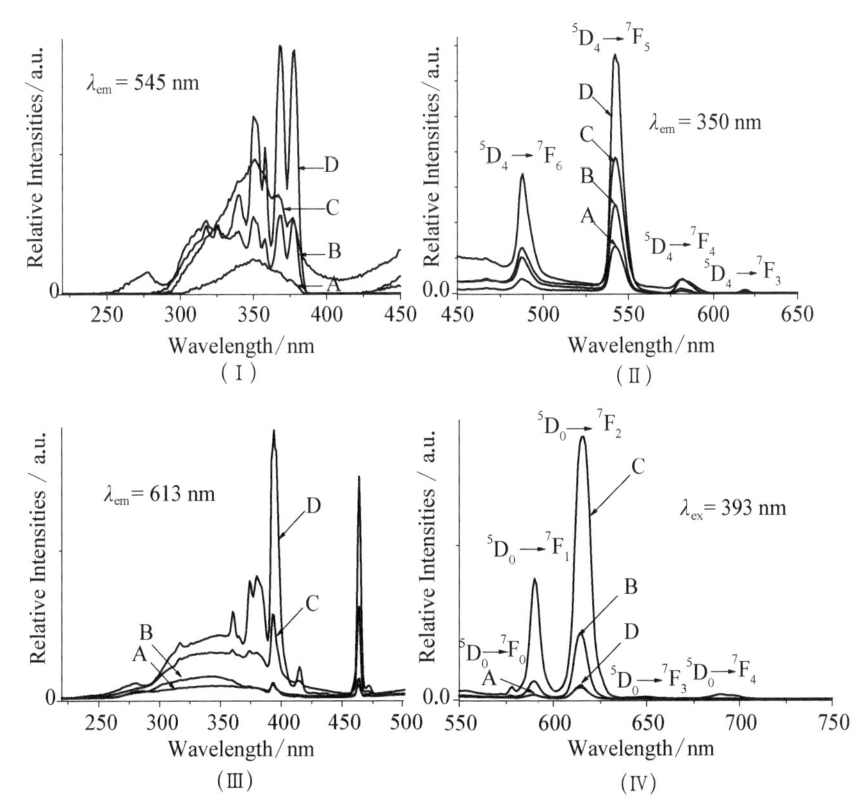

图3-37　稀土配合物Eu-PVPD(A)以及二元Calix-Br-Si-RE(B)和三元杂化材料Calix-Br-Si-RE-PVPD(C)/PMMA(D)的荧光光谱图(Ⅰ)和(Ⅱ),(Ⅲ)和(Ⅳ)分别为含铽和铕材料激发和发射光谱图

杂化材料激发和发射光谱图。激发光谱(Ⅰ)是通过检测 Tb^{3+} 在545 nm处的发射强度随激发波长的变化而测定的,杂化材料和配合物均在350 nm处出现宽吸收峰,但是配合物显示出较低的吸收强度,因此这个宽带吸收峰主要源于配体杯[4]芳烃衍生物Calix-Br的吸收峰以及少部分聚合物PVPD的吸收,在250～300 nm出现的较低的宽吸收带源于基质以及配体氧离子到铽离子的电荷跃迁。发射光谱图(Ⅱ)以最大吸收的350 nm作为激发光波长,得到了位于487 nm,542 nm,582 nm和620 nm处的铽离子的 $^5D_4 \rightarrow {}^7F_J$ (J=6, 5, 4, 3)锐线特征发射峰,位于542 nm的绿光发射峰的相对强度较大。

（Ⅲ）和（Ⅳ）为含铕杂化材料激发发射光谱图。激发光谱（Ⅲ）是通过检测 Eu^{3+} 在 613 nm 处的发射强度随激发波长的变化而测定的，杂化材料和配合物均在 350 nm 处出现宽吸收峰，但是配合物显示出较低的吸收强度，因此这个宽带吸收峰主要源于配体杯[4]芳烃衍生物 Calix－Br 的吸收峰以及少部分聚合物 PVPD 的吸收，在 250～300 nm 出现的较低的宽吸收带源于基质以及配体氧离子到铕离子的电荷跃迁，在 393 nm 和 463 nm 处的锐线吸收峰源于稀土铕离子的 f－f 电子跃迁。发射光谱图（Ⅳ）以最大吸收的 350 nm 作为激发光波长，得到了位于 577 nm，590 nm，615 nm，648 nm和 693 nm 处的铕离子的 $^5D_0 \rightarrow {}^7F_J$（$J=0, 1, 2, 3, 4$）锐线特征发射峰，位于 615 nm 的红光发射峰的相对强度较大。位于 615 nm 处的 $^5D_0 \rightarrow {}^7F_2$ 发射峰属于电偶极跃迁，荧光强度大于位于 590 nm 处的 $^5D_0 \rightarrow {}^7F_1$ 磁偶极跃迁，说明中心铕离子周围的化学环境对称性较低，铕离子处于偏离反演对称中心的位置上[147]。通常用这两个跃迁的荧光相对强度比值（I_{02}/I_{01}）来表明中心稀土离子周围的化学环境。

根据分子内能量传递机制所述，在配体三线态能级与稀土离子激发态能级间存在一个合适的能级差范围。稀土 Tb^{3+} 的 $^5D_4$ 和 Eu^{3+} 的 $^5D_0$ 能级分别为 20 430 cm^{-1} 和 17 250 cm^{-1}，原料溴杯[4]芳烃 Calix－Br 三线态能级为 24 270 cm^{-1}，桥分子的三线态能级为 23 920 cm^{-1}，聚合物 PVPD 的能量为 23 040 cm^{-1}。由此得出，桥分子吸收能量并将能量传递给聚合物，由聚合物再传递给稀土离子，桥分子与聚合物与铽离子的匹配程度好于铕离子。谱线 A 代表的是由稀土离子与聚合物 PVPD 构成的配合物，谱线 B 代表二元杂化材料，谱线 C 和 D 的荧光相对强度明显大于谱线 A 和 B，可能是因为聚合物 PVPD 和 PMMA 的加入，改变了分子内能量传递过程，促进了传能效率，而且聚合物的长链以及配位基团取代了中心离子周围的配位水分子，从而限制了羟基振动引起的能量猝灭等。谱线 D 相比于 C 来说，相对强度较大，我们推断，聚合物 PVPD 的吡啶环上的 N 原子参与配位，PMMA 利用脂基上的 O 原子作为配位基团，而且两者均作为配位基团参与配位时，在有限的空间内，聚合物 PVPD 参与配位时存在较大的空间位阻，影响了稀土离子周围的配位环境，从而影响了能量的传递效率以及最终材料的光性能。另外，其他因素也应该考虑，例如像光吸收效率、中心离子浓度以及热去活化速率等。

图 3-38 给出了三元 Calix-Br-Si-Nd-PVPD 杂化材料的荧光发射光谱图，以桥分子的最大吸收波长 350 nm 作为激发波长，得到位于 882 nm，1 057nm 和 1 325 nm 处的钕离子$^4F_{3/2}\rightarrow{}^4I_J$ ($J=9/2$，11/2，13/2)的锐线发射峰，说明桥分子与聚合物与中心离子进行配位，同时伴有分子内有效能量传递，并且硅氧网络的存在限制了羟基振动引起的能量猝灭现象。

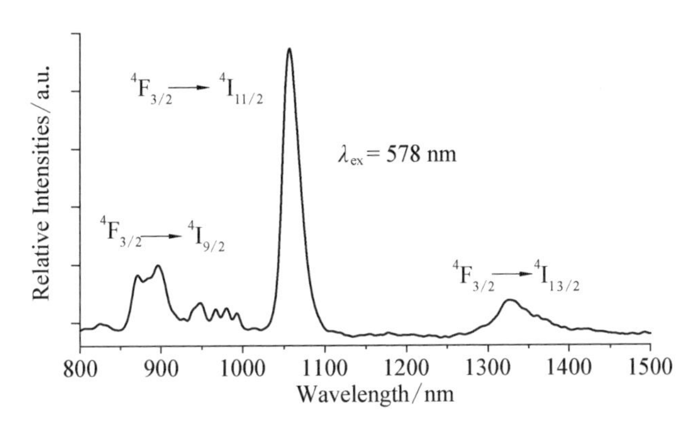

图 3-38 三元杂化材料 Calix-Br-Si-Nd-PVPD 荧光发射光谱图

(9) 荧光寿命与量子效率

为了更加深入的研究杂化体系的荧光效率，我们选取铕离子体系，测定了其$^5D_0$ 激发态的荧光寿命，并依据铕离子荧光发射谱图和荧光寿命数据计算了铕离子的$^5D_0$ 激发态的量子效率[148-154]。发光材料的量子效率主要有两个影响因素，一个是荧光寿命，另一个是 I_{02}/I_{01} 的值，即红橙比。如果荧光寿命长，同时红橙比又比较大的话，材料的量子效率就相对较高。

表 3-9 给出了铕离子配合物以及杂化体系的荧光寿命和量子效率的数据。整体来看，三元杂化材料的荧光寿命和红橙比相对二元杂化材料以及单纯配合物均有一定的提高，因此辐射跃迁系数也有了相应的改善，说明聚合物的引入一定程度上减少了铕离子周围配位水分子的荧光猝灭作用。相对于含聚合物 PVPD 的三元杂化材料，含聚合物 PMMA 的材料的红橙光比率 I_{02}/I_{01} 以及自发辐射跃迁系数较小，但是由于其后者的荧光寿命非常高，因此最终的量子效率远大于前者，说明配位基团以及空间位阻效应对能量的有效传递效率以及最终材料的荧光寿命有着很大程度上的影响。另外从实验强度参数的数据中看出，聚合物的加入改变了铕离子周围的配位环境，使得不对称性增加，由于聚合物 PVPD 自身较大的空间构型以及刚性的共轭平面，因此聚合物 PVPD 的加入对配位环境不对称性的影响程度大于 PMMA 的杂化材料。

表 3-9 稀土铕配合物 Eu-PVPD 和二元 Calix-Br-Si-Eu、三元 Calix-Br-Si-Eu-PVPD 杂化材料的荧光寿命及量子效率

Hybrids	Eu-PVP	Calix-Br-Si-Eu	Calix-Br-Si-Eu-PVPD	Calix-Br-Si-Eu-PMMA
I_{02}/I_{01}	2.24	2.48	3.57	3.03
A_{01}/s^{-1}	50	50	50	50
A_{02}/s^{-1}	117.02	129.66	186.36	158.19
A_{rad}/s^{-1}	205.19	218.03	259.55	221.89
τ/(ms)	0.222 4	0.198 9	0.250 8	0.709 3
$1/\tau/s^{-1}$	4.50	5.03	3.99	1.41
A_{nrad}/s^{-1}	4 291	4 809	3 727	1 188
η/(%)	4.56	4.34	6.51	15.74

3.3.6 基于5,11,17,23-四叔丁基-25,27-二羟基-26-(1-(9-腺嘌呤)-丙氧基)-28-溴丙氧基杯[4]芳烃桥分子及稀土二元、三元杂化材料的表征

(10) 氢核磁数据

[$C_{75}H_{112}O_{12}BrN_7Si_2$]：^{1}HNMR(400 MHz,溶剂为 $CDCl_3$)δ：0.68(t，4H)，0.94，1.00(s，36H)，1.25(t，18H)，1.74(m，4H)，2.24(m，4H)，2.48，2.60(m，4H)，3.28(t，2H)，3.35(t，2H)，3.83(m，12H)，4.00，4.12(t，4H)，4.24，4.32(s，8H)，4. 38(t，2H)，5.87(s，2H)，6.86，7.05(s，8H)，7.46(s，2H)。

氢谱数据表明了所合成的化合物中氢原子的数目和所处的化学环境，通过分析可以得出所合成的桥分子的结构。从核磁数据中看出，位于4.38 ppm处的—CONH—基团的化学位移信号的出现，位于0.68 ppm，1.74 ppm，2.24 ppm处的与—CONH—基团相连的亚甲基峰的劈裂，以及位于10.34 ppm处的羟基信号的消失都说明了三乙氧基硅基异氰酸丙酯的N═C═O基团与羟基发生了氢亲核反应。另外，位于1.25 ppm和3.83 ppm处的峰表明了在桥分子中硅氧烷基团没有发生水解反应。以上所有讨论证明了桥分子的成功制备。

(11) 红外光谱

图3-39给出了羟基修饰桥分子Calix-AC-Si的红外光谱图。从图中我们可以清晰的看到，位于2 958 cm^{-1}和2 878 cm^{-1}处的尖锐的吸收峰来自甲基和亚甲基的伸缩振动，在1 363 cm^{-1}处的是叔丁基的对称弯曲振动峰，在2 273 cm^{-1}处没有观测到异氰酸酯基的吸收峰，证明偶联剂异氰酸酯已经完全参与反应，位于1 720 cm^{-1}处的吸收峰源于—OCONH—的对称伸缩振动，位于1 489 cm^{-1}和1 192 cm^{-1}处的吸收峰源于—NH—的伸缩和弯曲振动，位于1 064 cm^{-1}和855 cm^{-1}处的吸收峰源于Si—O的伸缩振动，没有形成宽峰，

证明桥分子中硅氧烷基团没有水解，位于 1 457 cm^{-1}，1 245 cm^{-1} 和 762 cm^{-1} 处的是苯环，酚氧基和苯基上 Ar—H 基团的吸收峰，位于 995 cm^{-1} 和 634 cm^{-1} 处的吸收峰分别来自于基团—C—Br—O—的伸缩振动，位于 1 621 cm^{-1} 和 1 298 cm^{-1} 的吸收峰分别来自腺嘌呤取代基中的 C═N 和 C—N 基团的振动吸收峰。以上所有讨论都证明了桥分子的制备成功。

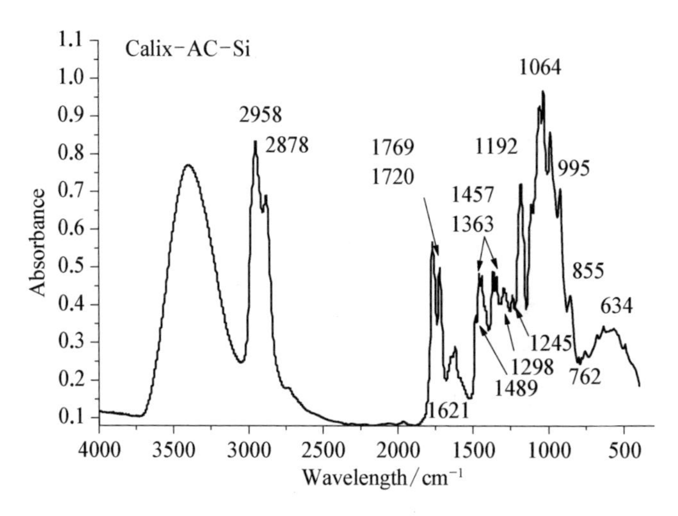

图 3-39　桥分子 Calix-AC-Si 的红外光谱图

(12) 紫外光谱

图 3-40 给出了配体杯[4]芳烃衍生物 Calix-AC 和羟基修饰桥分子 Calix-AC-Si 的紫外光谱图。从图中我们可以清晰的看到，谱线 A 的紫外吸收峰位于 271 nm，源于杯芳烃衍生物上的苯环和取代基腺嘌呤的共轭结构的吸收，在谱线 B 中移至 264 nm，发生了大约 7 nm 的蓝移。我们推断，相对于配体 Calix-AC 来说，经过氢转移亲核加成修饰后，桥分子 Calix-Br-Si的电子排布发生了变化，其 $\pi \rightarrow \pi^*$ 电子跃迁也有了一些改变，电子基态与激发态之间的能级差变大，可能是由于偶联剂的引入，使整个桥分子的结构过于庞大，在有限的空间中存在着较大的位阻效应，可能降低了分子的稳定性，限制了电子在能级间的跃迁。紫外光谱图表明偶联剂与配体

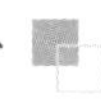

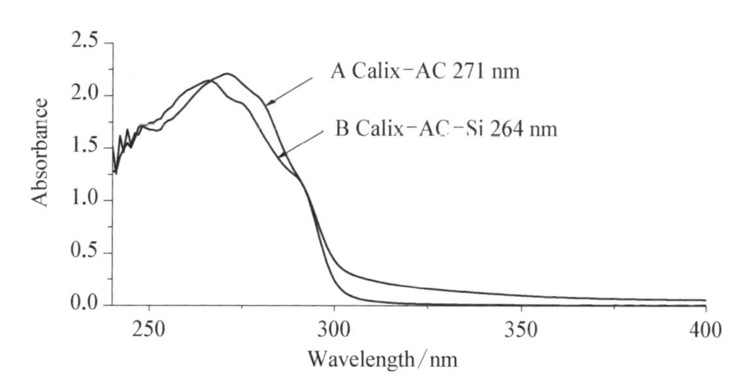

图3-40 配桥分子 Calix-AC-Si 的紫外光谱图

杯[4]芳烃衍生物之间氢转移反应的完成。

(13) 磷光光谱

图3-41给出了配体杯[4]芳烃 Calix-AC、羟基修饰桥分子 Calix-AC-Si 和聚合物乙烯吡啶 PVPD 的低温磷光光谱图，该图在温度 77 K，狭缝为 5 nm 条件下测得。从图中可以看出，配体杯[4]芳烃衍生物 Calix-AC 在 415 nm 处存出现磷光发射峰，对应其自身三线态能级(24 150 cm^{-1})。经过氢转移反应之后，桥分子的磷光吸收峰发生红移至 425 nm，对应其自身三线态能级(23 580 cm^{-1})，说明芳香羧酸类桥分子通过羟基修饰而成功制备。聚合物 PVPD 的磷光发射峰位于 432 nm 处，对应自身能量为(23 040 cm^{-1})。根据分子内能量传递机制所述，分子内能量传递效率主要取决于两个过程：能量从配体三线态能级到稀土离子激发态能级的过程和能量热去活化过程。从文献中已知中心稀土离子 Tb^{3+} ($^5D_4$ 20 430 cm^{-1}) 和 Eu^{3+} ($^5D_0$ 17 250 cm^{-1}) 的激发态能级，因此羟基修饰桥分子 Calix-AC-Si 首先吸收能量，将吸收的能量无辐射传递给聚乙烯吡啶 PVPD，之后由 PVPD 将能量有效的传递给稀土离子，从而敏化其发光。从能级匹配程度上可以得出，桥分子与聚合物与中心 Tb 离子比与 Eu 离子的能量匹配程度要好，理论上更有效地敏化了含中心 Tb^{3+} 的杂化材料发光。

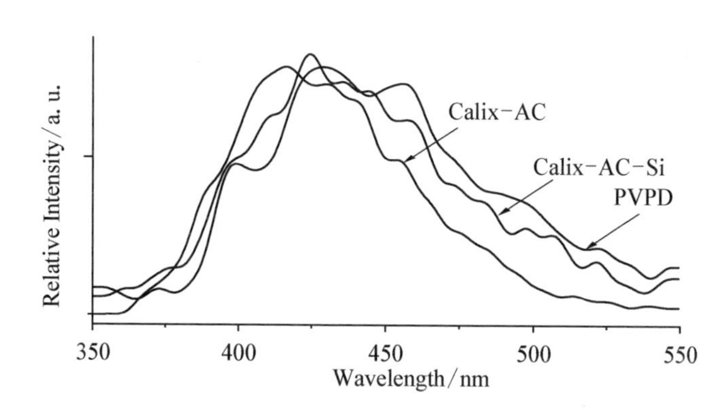

图 3-41 配体 Calix-AC,聚合物 PVPD 和桥分子 Calix-AC-Si 的低温磷光光谱图

(14) TG 分析

为研究所得的杂化材料的热力学行为,我们采用热重分析对所得材料的热力学稳定性进行了表征。图 3-42 给出了稀土铕三元 Calix-AC-Si-Eu-PVPD 的 TG-DTG 图。从图中看出,杂化材料从在 125℃开始失重,到 260℃左右结束,在 215℃时失重速率达到最大,这阶段一共有 16%的失重,源于材料中的残留溶剂 DMF 和水分子的存在。第二个失重峰开始于 270℃,结束于 410℃,大约有 9%的失重,在 316℃时失重速率最快,源于部

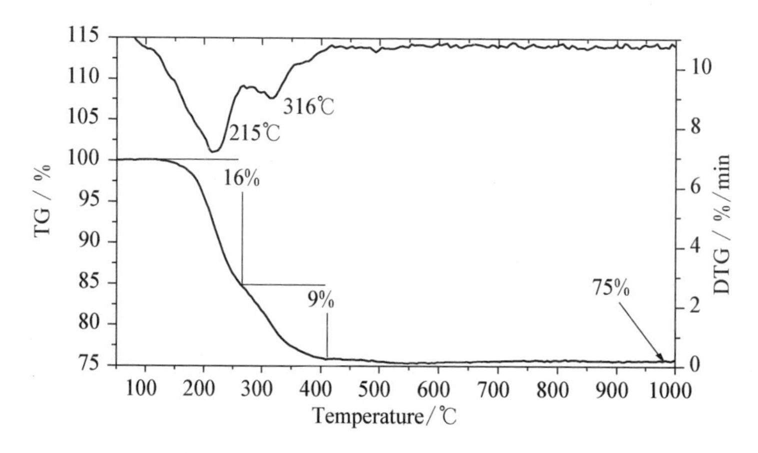

图 3-42 稀土三元杂化材料 Calix-AC-Si-Eu-PVPD 的 TG-DTG 图

分桥分子和聚合物PVPD有机组分的热解。温度达到1 000℃左右时材料残留质量为75%，说明含有聚合物的稀土三元杂化材料在高温下表现出较好的热稳定性。

(15) 扫描电镜

图3-43给出了稀土二元杂化材料Calix-AC-Si-Eu(A)/Tb(B)和三元杂化材料Calix-AC-Si-Eu(C)/Tb(D)/Nd(E)/Zn(F)-PVPD的扫描电镜图。从二元和三元杂化材料的扫描电镜图片中看出，由于无机组分与有机配体、有机聚合物三者通过偶联剂的水解缩聚作用以及与稀土离子的配位作用连接起来，三者之间存在着共价键或配位键的强作用力，因此无机组分和有机组分之间没有出现两相分离的现象，初步实现了制备以共价键为作用力的杂化材料的构想[145,146]。

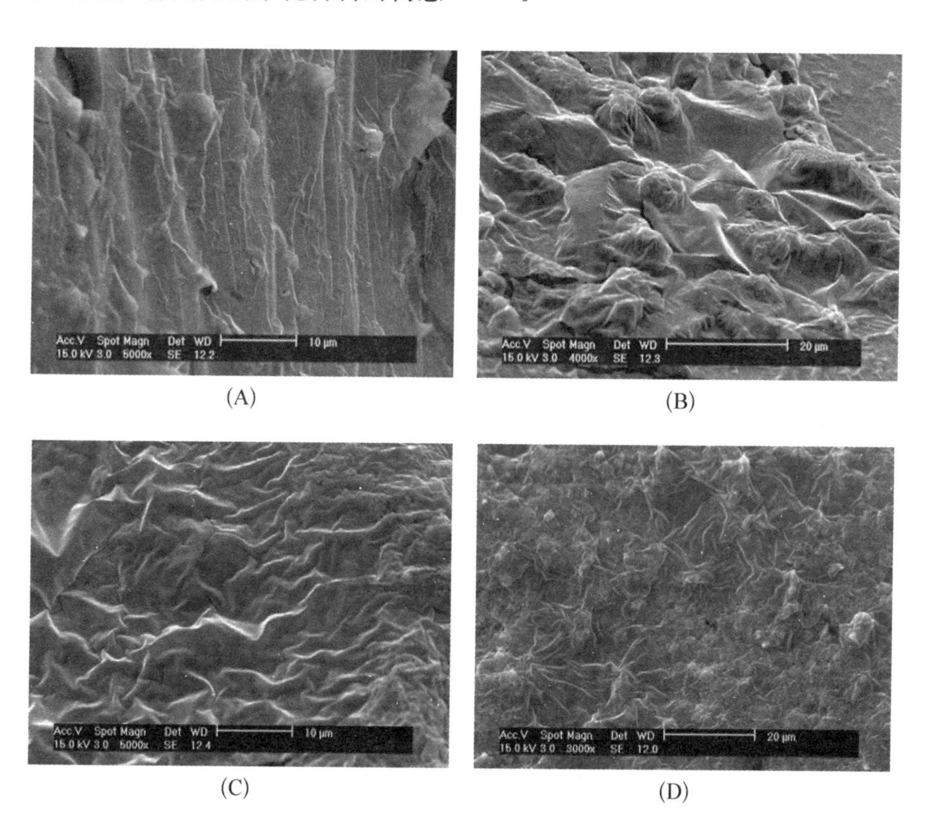

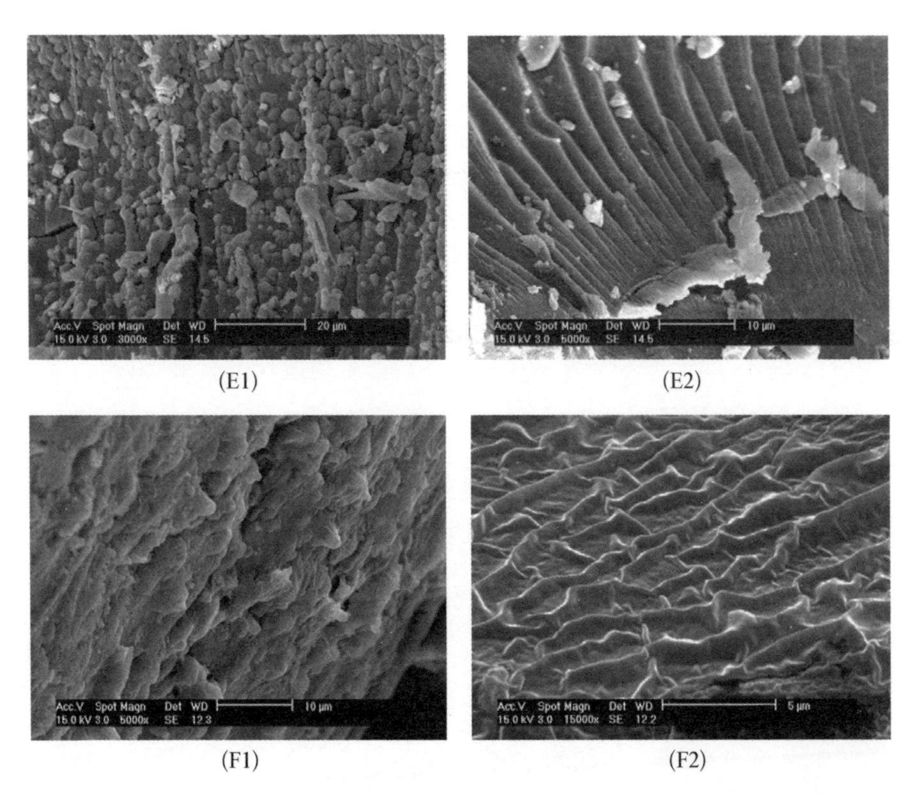

(E1) (E2)

(F1) (F2)

图 3-43 稀土二元杂化材料 Calix-AC-Si-Eu(A)/Tb(B)和三元杂化材料 Calix-AC-Si-Eu(C)/Tb(D)/Nd(E)/Zn(F)-PVPD 的 SEM 图

从图(A)和图(B)中看出，二元杂化材料表面均匀分布着近似圆形的薄层突起，这些突起均垂直表面生长，占据较大的空间。从图(C)和图(D)中看出含有聚合物 PVPD 的稀土三元杂化材料表面分布着规则的平面褶皱状结构，由于聚合物 PVPD 除了水平方向上存在碳碳主链，在竖直方向上还连有侧链吡啶环基团，所以当其与稀土离子配位时空间位阻比较大，因此材料向着四面八方生长，形成了大脑皮层状的褶皱结构。图(E)中，材料表面均匀分布着树枝状条纹结构，在条纹结构的表面上均匀分布着直径为 2 μm 的颗粒，这是由于钕属于重稀土金属，半径较轻稀土离子小，因此材料生产生成了体积较小的一维链状条纹结构。在图(F)中，由于中心离子为过渡系金属 Zn，其离子半径与配位环境都与镧系元素小，所以最终的杂化材料是呈现平面褶皱略带有突起结构。因此我们可以看出聚合物的加入以及不同的中心离子都对最终杂化材料的微观形貌产生影响。

(16) 荧光光谱

图 3-44 给出了稀土配合物 RE-PVPD(A)，二元 Calix-AC-Si-RE(B)和三元 Calix-AC-Si-RE-PVPD(C)杂化材料的荧光光谱图，(Ⅰ)为含铽杂化材料激发发射光谱图，(Ⅱ)为含铕杂化材料激发发射光谱图。激发光谱是通过检测 Tb^{3+} 和 Eu^{3+} 在 545 nm 和在 613 nm 处的发射强

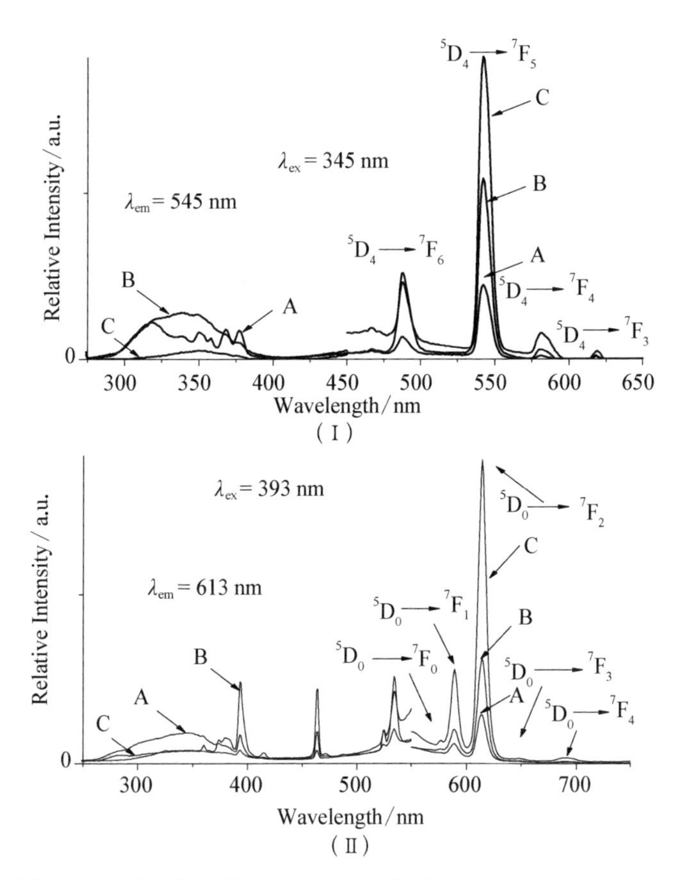

图 3-44　稀土配合物 Eu-PVPD(A)以及二元 Calix-AC-Si-RE(B)和三元杂化材料 Calix-AC-Si-RE-PVPD(C)的荧光光谱图(Ⅰ)和(Ⅱ)分别为含铽、铕材料激发和发射光谱图

度随激发波长的变化而测定的，杂化材料和配合物均在345 nm处出现宽吸收峰，但是配合物显示出较低的吸收强度，因此这个宽带吸收峰主要源于配体杯[4]芳烃衍生物Calix-AC中苯环以及腺嘌呤共轭结构的吸收以及少部分聚合物PVPD的吸收。发射光谱均以最大吸收的345 nm作为激发光波长，分别得到了位于487 nm，542 nm，581 nm和618 nm处的铽离子的$^5D_4 \to {}^7F_J$ ($J=6, 5, 4, 3$)锐线特征发射峰，位于542 nm的绿光发射峰的相对强度较大，和位于577 nm，588 nm，612 nm，648 nm和691 nm处的铕离子的$^5D_0 \to {}^7F_J$ ($J=0, 1, 2, 3, 4$)锐线特征发射峰，位于612 nm的红光发射峰的相对强度较大。位于612 nm处的$^5D_0 \to {}^7F_2$发射峰属于电偶极跃迁，荧光强度大于位于588 nm处的$^5D_0 \to {}^7F_1$磁偶极跃迁，说明中心铕离子周围的化学环境对称性较低，铕离子处于偏离反演对称中心的位置上[147]。通常用这两个跃迁的荧光相对强度比值(I_{02}/I_{01})来表明中心稀土离子周围的化学环境。

根据分子内能量传递机制所述，在配体三线态能级与稀土离子激发态能级间存在一个合适的能级差范围。稀土Tb^{3+}的$^5D_4$和Eu^{3+}的$^5D_0$能级分别为20 430 cm^{-1}和17 250 cm^{-1}，配体杯[4]芳烃衍生物Calix-AC三线态能级为24 150 cm^{-1}，桥分子的三线态能级为23 580 cm^{-1}，聚合物PVPD的能量为23 040 cm^{-1}。由此得出，桥分子吸收能量将能量传递给聚合物，由聚合物传递给稀土离子，桥分子与聚合物与铽离子的匹配程度高于铕离子。谱线A代表的是由稀土离子与聚合物PVPD构成的配合物，谱线B代表二元杂化材料，谱线C的荧光相对强度明显大于谱线A和B，可能是因为聚合物PVPD参与了能量吸收过程，改变了分子内能量传递过程，促进了传能效率，而且聚合物的长链以及配位基团取代了中心离子周围的配位水分子，从而限制了羟基振动引起的能量猝灭等。另外，其他因素也应该考虑，例如像光吸收效率、中心离子浓度以及热去活化速率等。

图3-45给出了三元Calix-AC-Si-Zn(Ⅰ)/Nd(Ⅱ)-PVPD杂化材

料的荧光发射光谱图，图(Ⅰ)以桥分子的最大吸收波长 345 nm 作为激发光波长，得到位于 495 nm 左右的宽的发射峰，半峰宽大约为 100 nm，图(Ⅱ)以桥分子的最大吸收波长 395 nm 作为激发光波长，得到位于 882 nm，1 052 nm和 1 319 nm 处的钕离子$^4F_{3/2}\rightarrow{}^4I_J$($J$ =9/2，11/2，13/2)的锐线发射峰，说明配体桥分子、聚合物与中心离子进行配位，同时伴有分子内有效能量传递，并且硅氧网络的存在限制了羟基振动引起的能量猝灭。

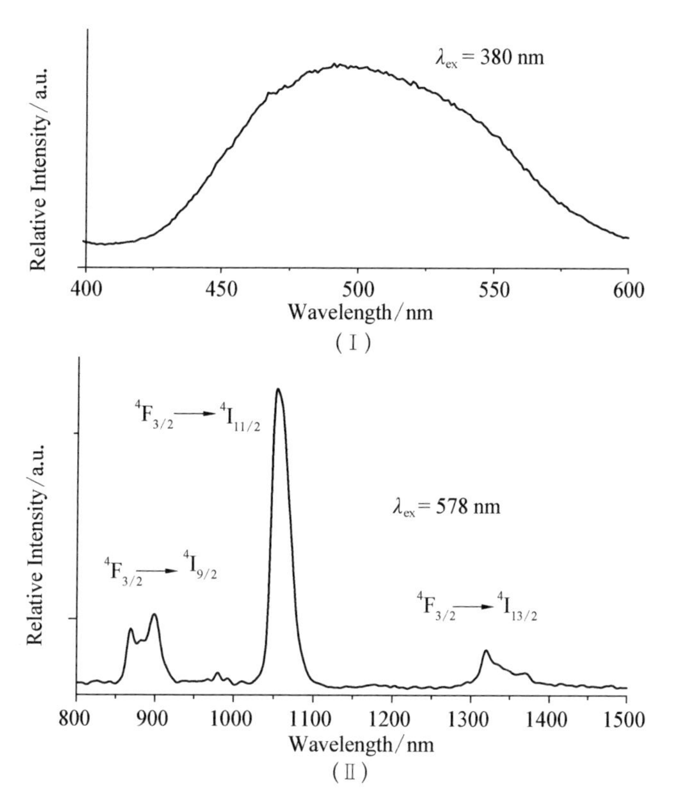

图 3-45　三元杂化材料 Calix-Br-Si-Zn(Ⅰ)/Nd(Ⅱ)-PVPD 荧光发射光谱图

(17) 荧光寿命与量子效率

为了更加深入的研究杂化体系的荧光效率，我们选取铕离子体系，测定了其$^5D_0$ 激发态的荧光寿命，并依据铕离子荧光发射谱图和荧光寿命数据计算了铕离子的$^5D_0$激发态的量子效率[148-154]。发光材料的量子效率主要有两个影响因素，一个是荧光寿命，另一个是I_{02}/I_{01}的值，即红橙比。如果荧光寿命长，同时红橙比又比较大的话，材料的量子效率就相对较高。

表3-10给出了铕离子配合物以及杂化体系的荧光寿命和量子效率的数据。从表中看出，二元杂化材料与单纯配合物的荧光寿命相近，明显小于三元杂化材料；二元杂化材料的红橙比略大于单纯配合物，说明杯芳烃衍生物的加入改变了铕离子与聚合物配体的配位结构，使其极性有所增加。但上述两者数值均小于三元杂化材料，说明两者同时与稀土离子配位时，稀土离子处于具有最大不对称性的配位环境中。三者的辐射跃迁系数非常相近，由于三元杂化材料的荧光寿命非常大，所以荧光量子效率在三者中最大，说明聚合物作为配位基团引入后，一定程度上减少了铕离子周围配位水分子的荧光猝灭作用，而且作为吸收能量的基团影响着分子内能量传递过程。另外从实验强度参数的数据中看出，聚合物PVPD自身具有较大的空间构型以及吡啶环刚性共轭平面，将其引入杂化体系增加了实验强度参数，改变了铕离子周围的配位环境，使得三元杂化材料的不对称性增加。

表3-10 稀土铕配合物Eu-PVPD和二元Calix-AC-Si-Eu、三元Calix-AC-Si-Eu-PVPD杂化材料的荧光寿命及量子效率

Hybrids	Calix-AC-Si-Eu	Calix-AC-Si-Eu-PVPD	Eu-PVPD
I_{02}/I_{01}	4.57	4.75	4.24
A_{01}/s^{-1}	50	50	50
A_{02}/s^{-1}	238	248	221
A_{rad}/s^{-1}	322	324	323
$\tau/(ms)^c$	0.231	0.316	0.222
$1/\tau/s^{-1}$	4.33	3.16	4.50
A_{nrad}/s^{-1}	4 008	2 836	4 177

续　表

Hybrids	Calix-AC-Si-Eu	Calix-AC-Si-Eu-PVPD	Eu-PVPD
η/(%)	7.43	10.23	7.16
Ω_2/(10^{-20} cm^2)	6.90	7.18	6.40
Ω_4/(10^{-20} cm^2)	0.75	0.83	1.04

3.4　本章小结

1. 有目的地选择了小分子单体甲基丙烯酸、甲基丙烯酸甲酯、4-乙烯基吡啶、丙烯酰胺，利用过氧化苯甲酰(BPO)作为引发剂，通过自由基加聚反应，成功的制备了低分子量的单聚物和共聚物。

2. 成功地选择了有机配体对羟基苯甲酸、2-羟基烟酸、噻吩甲酰三氟丙酮、β-萘甲酰三氟丙酮和四叔丁基溴丙氧基杯芳烃及其衍生物，利用三乙氧基硅基异腈酸丙酯对其进行亲电加成，制备了一系列桥分子，通过配位的方式引入聚合物，利用中心离子的锚定作用，使桥分子、中心稀土离子和聚合物利用配位键和共价键互相枝连，制备了发光性能良好的含有稀土铕、铽、钕以及过渡系金属锌的二元和三元稀土杂化发光体系，表现出规则的长方体状、树枝状、针状、三维圆球以及平面圆盘状的微观形貌，具有较好的荧光性能和热稳定性。

3. 通过对所制备的二元和三元发光材料的光致发光机理研究，表明含聚合物的三元杂化材料的荧光性能较二元杂化材料或者单纯稀土配合物而言，均有了一定的改善，而且其热稳定性与二元材料相似，聚合物的加入对二元杂化材料的微观形貌也有着一定的影响。

4. 通过对所制备的发光材料的结构和光致发光机理研究，证明了引入聚合物的侧链上的配位基团不同,对最终材料的荧光性能的改善程度不同,带有羰基或者羧基的聚合物的改善程度要大于仅带有氮原子的聚合物;聚合物空间构型的不同,对最终材料的微观形貌的影响程度不同,较大空间体积构型的聚合物影响程度较大;以及利用同种单体合成的单聚物和共聚物,对最终材料的荧光性能和微观形貌的改善程度都有所不同。

第4章 基于共水解缩聚嫁接方式制备含芳香羧酸类和β-二酮类多元稀土/无机/有机/高分子杂化发光体系

4.1 引　　言

有机β-二酮配体中的亚甲基非常活泼，由于受到双重羰基吸引电子的影响，容易发生各种反应。稀土β-二酮配合物中存在着从具有高吸收系数的β-二酮配体到Eu^{3+}、Tb^{3+}等离子的高效能量传递，从而具有极高的发光效率。它们与镧系离子形成稳定的六元环，直接吸收激发光并有效的传递能量，尤其是在协同配体(如邻菲罗啉、联吡啶)的存在下可以大大提高发光效率。β-二酮与稀土离子配合物的通式表示为

$$RE \cdots \left[\begin{matrix} O - C - R_1 \\ \quad\ \ CH \\ O - C - R_2 \end{matrix} \right]_3$$

式中，RE为Eu^{3+}，Tb^{3+}，Sm^{3+}等稀土离子；R_1，R_2为取代基，它们的特性对中心离子的发光有重要影响。R_2基团为—CF_3时敏化效果最强，原因在于F的电负性高，可以导致金属-氧键成为离子键，因此，一些含—CF_3基

团的β-二酮稀土配合物引起人们极大的关注。为了进一步提高该类配合物的性能，把稀土β-二酮配合物引入到固体基质中的研究层出不穷[99,159]。芳香羧酸类配体对稀土离子的发光具有良好的敏化能力，这主要是因为有机配体与稀土离子之间能进行有效的能量传递，从而使得有机配体在紫外光区吸收的能量能够有效地传递给稀土离子，敏化了稀土离子的发光。

乙二醇类聚合物最突出的特性是它与各种溶剂广泛的相容性，广泛的粘度范围和吸湿性，良好的润滑性、热稳定性、低毒性和难挥发性。由于无毒，可配成各种溶剂和润滑剂，在医药工业中得到广泛的应用；在化妆品配方中作为中性成分的优点主要来自优良的水溶性、不挥发性、非油脂性、与皮肤的亲和性和浅色泽，还具有稳定性好且不破坏其中的有机微生物营养素的特点；还可以用作基质代替水质乳化涂料，因为低分子量 PEG 可以提供比较好的分散性，而高分子量 PEG 可以提供比较好的成膜性质，在任何场合，用 PEG 作为基质的涂料都比用水为基质的涂料抗水性好；由于良好的溶解性和润滑性，PEG 还可用于蜡纸、印泥和圆珠笔油墨中；PEG 和 PEG 酯在纺织工业中用途也很广，主要用作洗涤剂、柔软剂、润滑剂、抗静电剂、分散剂、染料载体、空气调节剂和后整理剂。因此，本章实验选取芳香羧酸类和β-二酮类有机配体，以及带有可化学改性基团的不同长碳链的乙二醇聚合物，利用含缺电子中心基团的三乙氧基硅基异腈酸丙酯对配体中和聚合物中的活泼亚甲基或羟基进行化学修饰，构筑桥分子和聚合物前驱体，通过配位反应构筑稀土配合物，通过水解共缩聚反应，将长碳链聚合物引入，制备多元稀土/无机/有机/高分子杂化材料，并且系统地研究了材料的微观形貌、热稳定性和发光性能，以及针对不同链长的聚合物对发光性能的影响做了初步研究。聚合物的引入取代了材料中的水分子，从而减弱了羟基引起的能量猝灭效应，因此多元稀土/无机/有机/高分子杂化材料具有优异的光、电、磁性质，在功能材料领域有广阔的应用前景。

4.2 基于噻吩甲酰三氟丙酮桥分子及稀土二元、三元杂化发光材料的制备

4.2.1 实验试剂及仪器

聚乙二醇400(PEG,分子量380～430)、氢化钠、丙酮、四氢呋喃、正硅酸乙酯、无水乙醇、N,N-二甲基甲酰胺等试剂购买自国药集团化学试剂有限公司。噻吩甲酰三氟丙酮(TTA)和偶联剂三乙氧硅基异氰酸丙酯购买自Lancaster公司。硝酸铽与硝酸铕均由相应的氧化物溶于硝酸而制得。

4.2.2 合成路线

(1) 羟基修饰的长碳链聚合物前驱体的制备

向容量为100 mL的三颈瓶中加入2 mmol聚乙二醇(0.800 g),接着注入20 mL四氢呋喃(THF)作为反应溶剂,在氩气保护下搅拌至其溶解,然后加入4 mmol(0.990 g)的三乙氧基硅基异氰酸丙酯偶联剂逐滴加入,整个反应溶液在氩气保护下加热至65℃,搅拌10 h,冷却后,减压蒸去溶剂,最后得到白色油状液体聚合物前驱体。图4-1给出了聚乙二醇前驱体(PEG-Si)的合成路线。

将上述聚合物分别溶于无水乙醇和N,N-二甲基甲酰胺混合溶剂中备用。

(2) 亚甲基修饰功能桥分子的制备

向容量为100 mL的三颈瓶中加入2 mmol(0.444 g)噻吩甲酰三氟丙酮,加入30 mL四氢呋喃溶剂,氩气保护下搅拌至其溶解,加入4 mmol(0.096 g)氢化钠,加热至65℃,回流2 h,然后将4 mmol(0.990 g)三乙氧基硅基异氰酸丙酯偶联剂逐滴加入,整个反应溶液在氩气保护下,搅拌12

个小时，冷却后，减压蒸去溶剂，最后得到棕色油状液体桥分子 TTA－Si。图 4－1 给出了亚甲基修饰噻吩甲酰三氟丙酮桥分子（TTA－Si）的合成路线及预测结构示意图。

$$H{-}[O{-}CH_2{-}CH_2]_n{-}OH + 2\,O{=}C{=}N{-}(CH_2)_3Si(OEt)_3 \xrightarrow[\text{10 hours } 65^{\circ}C]{\text{Reflux THF}}$$

$$(EtO)_3Si(CH_2)_3{-}NH{-}C({=}O){-}[O{-}CH_2{-}CH_2]_n{-}O{-}C({=}O){-}NH{-}(CH_2)_3Si(OEt)_3$$

PEG-Si

$$\text{TTA} \xrightarrow[\text{THF Reflux}]{\text{NaH 2 hours } 65^{\circ}C} \xrightarrow[65^{\circ}C \text{ 12 hours THF Reflux}]{2\,O{=}C{=}N(CH_2)_3Si(OEt)_3} \text{TTA-Si}$$

TTA: $C_4H_3S{-}C({=}O){-}CH_2{-}C({=}O){-}CF_3$

TTA-Si: $(C_4H_3S{-}C({=}O))(F_3C{-}C({=}O))C[C({=}O){-}NH{-}(CH_2)_3{-}Si(OC_2H_5)_3]_2$

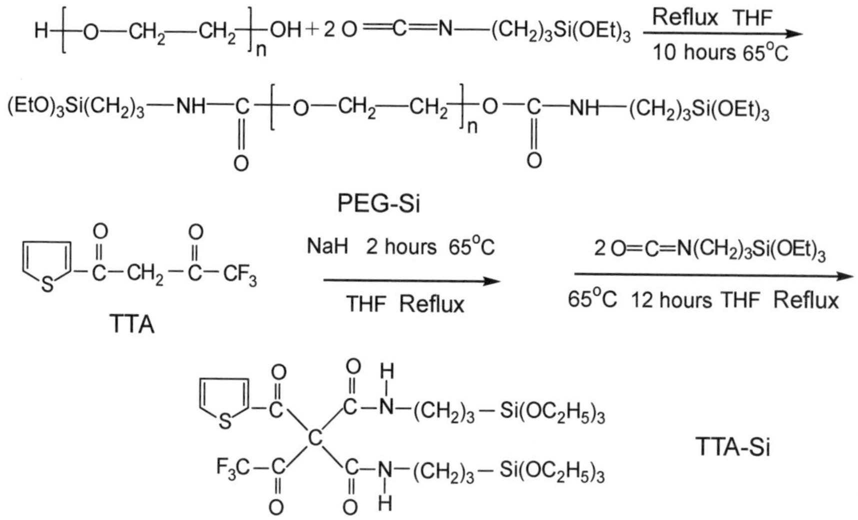

图 4－1　聚乙二醇前驱体 PEG－Si 和桥分子 TTA－Si 的合成路线及预测结构示意图

（3）稀土二元杂化发光材料的制备

将上述制备的桥分子溶解在 20 mL 无水乙醇中，加入 0.7 mmol 硝酸铕 $Eu(NO_3)_3$ 和 0.7 mmol（1.26 g）邻菲罗啉，调节混合溶液的 pH 值为中性。将上述溶液在电磁搅拌下反应 4 h 后加入 2 mmol（0.417 g）正硅酸乙酯 TEOS。滴加 1 滴稀盐酸促进水解缩聚反应。搅拌反应 4 h 后加入少量六亚甲基四氨调节溶液的 pH 值至 6 左右。将上述溶液继续搅拌反应 10 h 直到凝胶的生成，将所得的略微发粘的胶体置于 70℃的烘箱中进行陈化和干燥 4～7 d，得到均匀透明的浅黄色厚膜，最后将其研磨成粉末进行测定表征。图 4－2 给出了羟基修饰噻吩甲酰三氟丙酮稀土铕二元杂化材料（TTA－Si－Eu－Phen）的预测结构示意图。

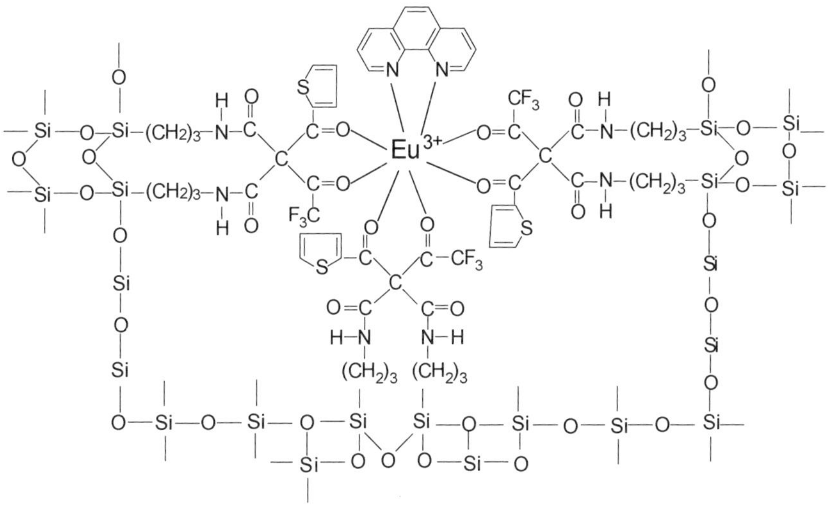

TTA-Si-Eu-Phen

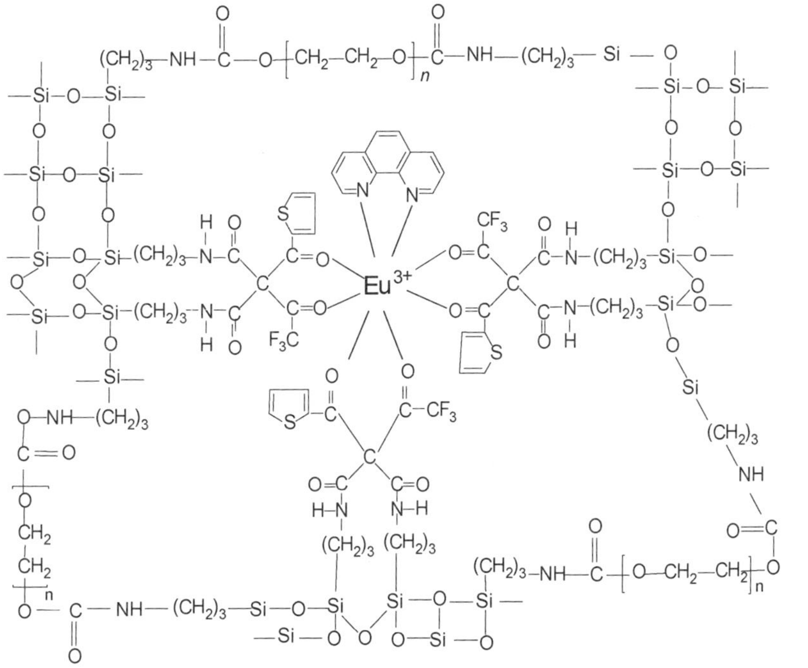

TTA-Si-Eu-Phen-PEG

图 4-2　稀土铕二元 TTA-Si-Eu-Phen 和三元 TTA-Si-Eu-Phen-PEG 杂化材料的预测结构示意图

(4) 稀土三元杂化发光材料的制备

将上述制备的桥分子溶解在 20 mL 无水乙醇中，加入 0.7 mmol 硝酸铕 $Eu(NO_3)_3$ 和 0.7 mmol(1.26 g)邻菲罗啉，调节混合溶液的 pH 值为中性。将上述溶液在电磁搅拌下反应 4 h，然后加入上述备用的聚合物前驱体 PGE-Si 溶液，2 h 后加入 2 mmol(0.417 g)正硅酸乙酯 TEOS。滴加 1 滴稀盐酸促进水解缩聚反应。搅拌反应 4 h 后加入少量六亚甲基四氨调节溶液的 pH 值至 6 左右。将上述溶液继续搅拌反应 10 个小时直到凝胶的生成，将所得的略微发黏的胶体置于 70℃的烘箱中进行陈化和干燥 4～7 d，得到均匀透明的浅黄色厚膜，最后将其研磨成粉末进行测定表征。

4.2.3 基于噻吩甲酰三氟丙酮桥分子及多元稀土杂化材料的表征

(1) 核磁数据

桥分子 TTA-Si[$C_{28}H_{47}O_{10}F_3N_2Si_2S$](溶剂为氘代 DMSO)氢核磁数据已在第 3.3.3 章节中讨论。数据表明桥分子 TTA-Si 已经成功制备并且没有发生水解。

聚乙二醇前驱体 PEG-Si[$C_{38}H_{80}O_{18}Si_2N_2$](溶剂为氘代 DMSO)氢核磁数据如下：δ 0.68(4H, t)，1.25(18H, t)，1.64(4H, t)，3.18(4H, m)，3.54(12H, m)，3.77(20H, t)，3.83(4H, t)，3.91(4H, t)，4.08(4H, t)，4.39(4H, t)，7.30(2H, t)。

氢谱数据表明了所合成的化合物中氢原子的数目和所处的化学环境，通过分析可以得出所合成的桥分子的结构。核磁数据证明了聚乙二醇 400 的聚合度大约为 8～9，三乙氧基硅基异氰酸丙酯的 N═C═O 基团与羟基发生了氢亲核反应以及桥分子中硅氧烷基团没有发生水解反应。

(2) 红外光谱

图 4-3 给出了配体 TTA，桥分子 TTA-Si，聚合物 PGE400，聚合物

前驱体 PEG - Si 的红外光谱图(Ⅰ)以及二元和三元杂化材料 TTA - Si - Eu(A),TTA - Si - Eu - PEG(B),TTA - Si - Eu - Phen(C)和 TTA - Si - Eu - PEG - Phen(D)的红外光谱图(Ⅱ)。从图(Ⅰ)中我们可以清晰的看到,在 TTA 中位于 3 113 cm^{-1} 处的吸收峰,源于亚甲基的伸缩振动吸收,被桥分子中位于 2 977 cm^{-1},2 930 cm^{-1} 和 2 889 cm^{-1} 处的三个尖锐的吸

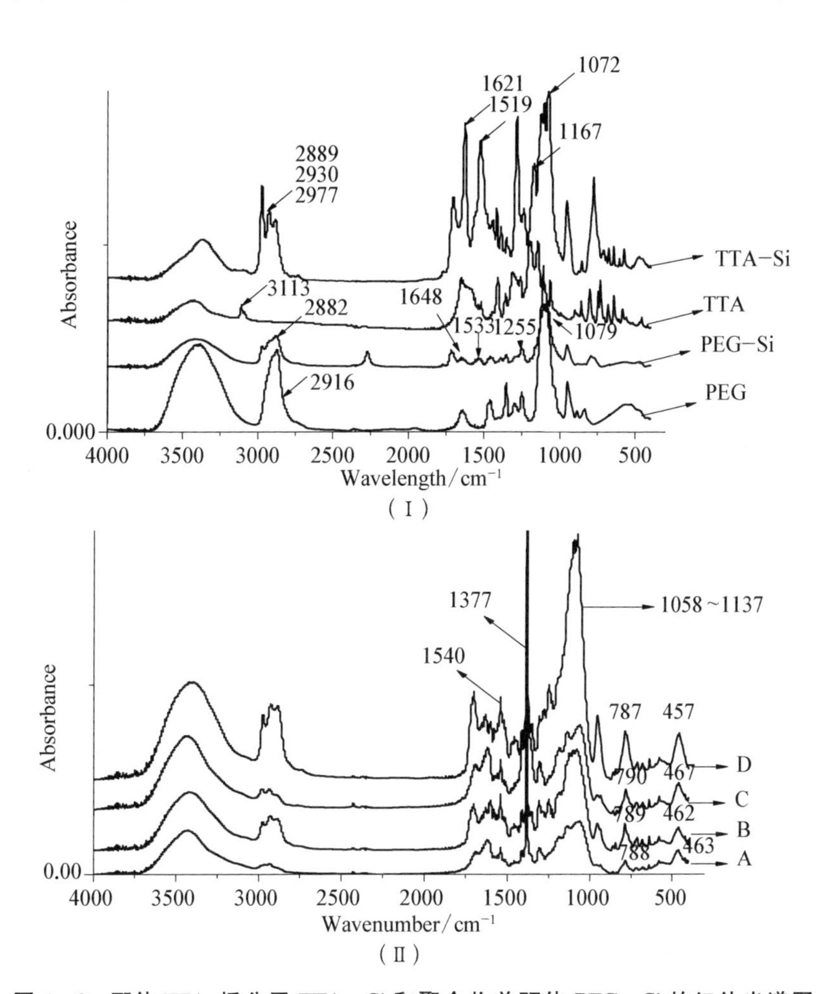

图 4-3　配体 TTA,桥分子 TTA - Si 和聚合物前驱体 PEG - Si 的红外光谱图(Ⅰ)以及二元和三元杂化材料 TTA - Si - Eu(A),TTA - Si - Eu - PEG(B),TTA - Si - Eu - Phen(C)和 TTA - Si - Eu - Phen - PEG(D)的红外光谱图(Ⅱ)

收峰取代,这三个吸收峰源于偶联剂 TEPIC 中三个亚甲基的伸缩振动。在 PEG 中位于 2 882 cm^{-1}处的宽吸收峰对应于骨架中 8 到 9 个亚甲基,在聚合物前驱体 PEG-Si 中移至 2 916 cm^{-1}。TTA-Si 中位于 1 621 cm^{-1}和 1 519 cm^{-1}处的吸收峰分别来自羰基和仲胺基的振动吸收峰,在 PEG-Si 中位于 1 533 cm^{-1} 和 1 648 cm^{-1}。在 TTA-Si 中位于 1 072 cm^{-1} 和 1 167 cm^{-1} 处的吸收峰源于 Si—O 和 Si—C 键的伸缩振动,在 PEG-Si 中位于1 079 cm^{-1} 和 1 255 cm^{-1},桥分子和聚合物前驱体的谱图中都没有形成较大范围的宽峰,说明两者的硅氧烷基团并没有发生水解反应。图(Ⅱ)中,四种杂化材料在1 054~1 137 cm^{-1},790 cm^{-1}和 460 cm^{-1}处都存在宽峰,分别对应 Si—O—Si 的不对称、对称伸缩和面内弯曲振动峰,说明水解缩聚反应的充分进行。另外位于 1 377 cm^{-1}和 1 540 cm^{-1}处的尖锐的吸收峰证明了硝酸根的存在。

(3) 紫外光谱

图 4-4 给出了配体 TTA(A),桥分子 TTA-Si(B),二元和三元杂化材料 TTA-Si-Eu(C),TTA-Si-Eu-PEG(D),TTA-Si-Eu-Phen(E)和 TTA-Si-Eu-Phen-PEG(F)的紫外光谱图。从图中可以清晰的看到,谱线 A 的紫外吸收峰位于 325 nm,源于β-二酮配体的共轭结构的吸收,在谱线 B 中蓝移至 268 nm。我们推断,经过修饰后的桥分子 TTA-Si 的电子排布发生了变化,其 $\pi\rightarrow\pi^*$ 电子跃迁也有了一些改变,电子基态与激发态之间的能级差变大,可能是由于偶联剂的引入,使整个桥分子的结构过于庞大,在有限的空间中存在着较大的位阻效应,降低了分子的稳定性和共轭性,限制了电子在能级间的跃迁,表明偶联剂与配体 TTA 之间氢转移反应的完成。谱线 C 和 D 中,分别在 272 nm,341 nm 和 268 nm,339 nm处存在两个宽吸收峰,说明桥分子已经与稀土离子配位,从而很大程度上影响了其自身电子的共轭结构,而且两谱线具有相似的峰形和位置,我们推断,三元杂化材料含有聚合物 PEG400,但是其不参与配位过程,

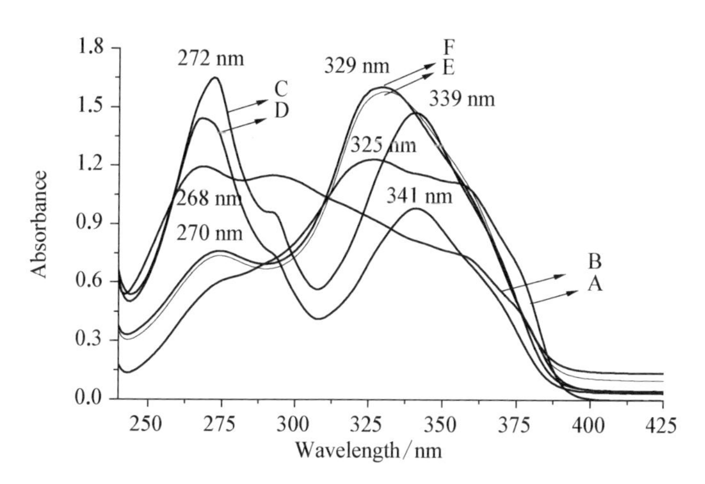

图 4-4　TTA,桥分子 TTA-Si,杂化材料 TTA-Si-Eu(A),TTA-Si-Eu-PEG(B),TTA-Si-Eu-Phen(C)和 TTA-Si-Eu-Phen-PEG(D)的紫外光谱图

只是参与水解过程,所以聚合物的加入对配合物的电子排布没有较大的影响。谱线 E 和 F 在 270 nm 和 329 nm 处存在两个宽吸收峰,两者具有相似的峰形和位置,同样是由于两者的组成在于是否含有聚合物,但是聚合物不参与配位,对配合物电子排布无影响,因此两者在紫外光谱中没有表现出很大的差别。从谱线 C 到 E,D 到 F,均有 10 nm 的蓝移,峰形也略有改变,由于终端配体邻菲罗啉的引入使其参与了配位过程,这样就改变了整个材料的电子共轭结构,从而影响了谱线的形状和位置。

(4) TG 分析

为研究所得的杂化材料的热力学行为,我们采用热重分析对所得材料的热力学稳定性进行了表征。图 4-5 给出了稀土铕二元 TTA-Si-Eu(A 和 C)和三元杂化材料 TTA-Si-Eu-Phen-PEG(B 和 D)的 TG-DTG 图。从图中看出,二元杂化材料(曲线 A)第一个失重过程为 131℃～258℃,最快失重速率大约在 235℃(曲线 C),总过程大约有 12%的失重,源于材料中的残留溶剂 DMF 和水分子的热解,同样三元杂化材料(曲线 B)第一个失重过程为 127℃～258℃,最快失重速率大约在 237℃(曲线 D),总

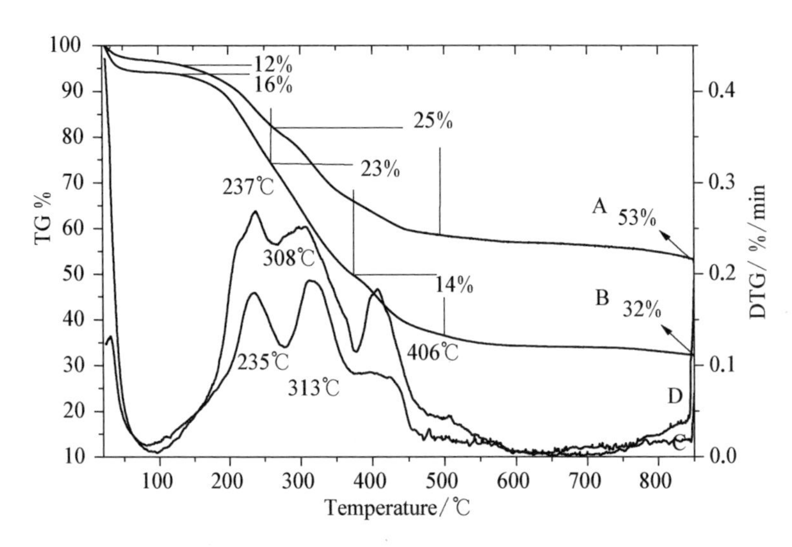

图 4-5　二元 TTA-Si-Eu(A,C)和三元杂化材料 TTA-Si-Eu-Phen-PEG(B,D)的 TG-DTG 图

过程大约有 16%的失重。根据原料的用量以及预测的分子结构进行计算，二元杂化材料中桥分子的比重为 36%，三元杂化材料中桥分子和终端配体邻菲罗啉的比重为 42%。二元杂化材料第二个失重过程的最快失重速率大约在 313℃(曲线 C)，总过程大约有 25%的失重，三元杂化材料第二个失重过程的最快失重速率大约在 308℃(曲线 D)，总过程大约有 23%的失重，因此这个失重过程源于材料中的桥分子以及终端配体中有机组分的热解。二元杂化材料没有发现明显的第三个失重峰，而在三元杂化材料的 TG 曲线中(曲线 B)发现在 406℃左右，有大约 14%的失重过程，根据预测分子结构推算，聚合物前驱体 PEG-Si 占总质量的 12%，因此第三个失重峰为聚合物有机碳链的断裂和热解。经计算，二元杂化材料中的无机基质与中心离子的比重为 58%，三元杂化材料为 45%，曲线 A 和 B 显示，当温度达到 800℃时，二元杂化材料的残留质量为 53%，三元材料为 32%，均与推测值接近。

(5) 扫描电镜

图 4-6 给出了稀土二元杂化材料 TTA-Si-Eu(A)，TTA-Si-Eu-

Phen(B)和三元杂化材料 TTA-Si-Eu-PEG(C),TTA-Si-Eu-Phen-PEG(D)的扫描电镜图。从二元和三元杂化材料的扫描电镜图片中看出,由于无机组分与有机配体、有机聚合物三者通过偶联剂的水解缩聚作用以及与稀土离子的配位作用连接起来,三者之间存在着共价键或配位键的强作用力,因此无机组分和有机组分之间没有出现两相分离的现象,初步实现了制备以共价键为主要作用力的杂化材料的构想[145,146]。

配体 TTA 具有一个噻吩环,两个羰基和一个三氟甲基基团,易形成二维层状或者三维网状的微观形貌。图(A)表面均匀分布着直径大约为 2 μm的三维圆球。我们认为,材料的微观形貌主要是在溶胶-凝胶水解共缩聚过程中形成的。一般来讲,溶胶-凝胶过程可以分三个步骤:第一步为前驱体和 TEOS 各自的水解过程,从而产生大量的 Si—OH;第二步为 Si—OH 之间的缩合反应,形成—Si—O—Si—键;第三步为进一步的缩聚反应,形成互穿的—Si—O—Si—网络。这三步反应不是分开而是平行进行的。各自的相对反应速度对最终的形貌都会产生影响。当然,溶胶凝胶是一个比较复杂的过程,其原理还没有被完全认识。其中,温度、pH 值、溶剂、催化剂等都对最终材料的形貌产生较大的影响[145,146]。因此终端配体邻菲罗啉引入后,仅参与配位过程,对溶胶-凝胶的水解共缩聚过程影响非常小,所以图(B)表面也同样均匀分布着 5 μm 的三维圆球,邻菲罗啉参与配位使整个杂化材料的空间构型所占体积增大,三维圆球可以在较大的空间中继续生长至较大尺寸。从图(C)和图(D)中看出,引入聚合物 PEG400 后形成的三元杂化材料表面均匀分布着直径大约 2～5 μm 的颗粒,但是颗粒表面出现了轻微团聚现象,但是整体看来还是存在形成三维圆球的趋势,我们推断,聚合物 PEG400 的引入,不参与配位过程,但参与溶胶-凝胶的水解共缩聚过程,而这个过程对材料的微观形貌影响较大,而且水解共缩聚过程是个长期的持续的过程,聚合物 PEG400 在整个过程中持续作用,由于其较长的碳链带来的较大的空间位阻效应,从而引起了轻微团聚现象。因

图 4-6　稀土二元和三元杂化材料 TTA-Si-Eu(A),TTA-Si-Eu-PEG(B),TTA-Si-Eu-Phen(C)和 TTA-Si-Eu-PEG-Phen(D)的 SEM 图

此，材料的组成以及聚合物的引入方式都对最终杂化材料的微观形貌产生影响。我们也正试图探索影响材料形貌的各个因素之间的关系，通过各个条件的调控，以期得到形貌均一规整、发光性能优异的杂化材料，来达到形貌可控的效果。这部分工作还需要进一步研究探索。

(6) 紫外可见漫反射光谱

图4-7给出了配体TTA，二元TTA-Si-Eu(A)，TTA-Si-Eu-Phen(B)和三元杂化材料TTA-Si-Eu-PEG(C)，TTA-Si-Eu-Phen-PEG(D)的紫外可见漫反射吸收光谱图。所有的杂化材料在240～390 nm区间都出现了一个宽峰，半峰宽都在70 nm左右，由于这四种杂化材料基本没有区别，终端配体和聚合物的引入没有改变峰形以及位置，而且和自由配体TTA的吸收带基本相似(200～450 nm)，所以我们推断，宽吸收峰来源于羟基修饰桥分子以及硅氧无机网络的吸收，而且与荧光激发光谱中的激发峰部分重叠(320～400 nm)。曲线A，B，C和D在609 nm和702 nm出有尖锐的倒峰，源于中心铕离子的$^5D_0 \rightarrow {}^7F_{2,4}$锐线特征发射。以上讨论证明了最终杂化材料在紫外可见区域内对能量有较强的吸收。

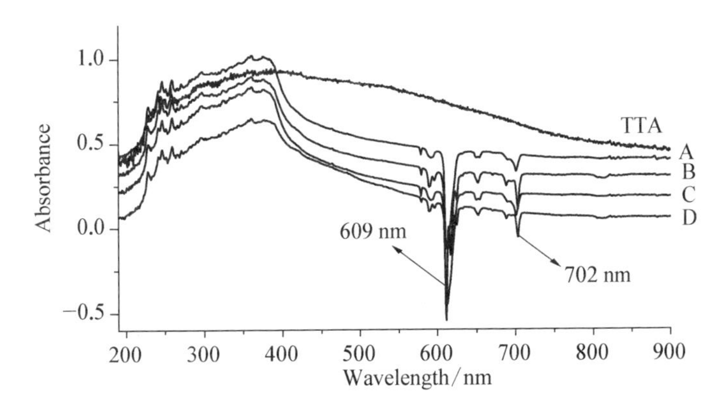

图4-7 配体TTA和杂化材料TTA-Si-Eu(A)，TTA-Si-Eu-Phen(B)，TTA-Si-Eu-PEG(C)和TTA-Si-Eu-PEG-Phen(D)的紫外可见漫反射光谱图

(7) 荧光光谱

图 4-8 给出了稀土二元和三元杂化材料 TTA-Si-Eu(A),TTA-Si-Eu-PEG(B),TTA-Si-Eu-Phen(C)和 TTA-Si-Eu-Phen-PEG(D)的激发(Ⅰ)、发射(Ⅱ)荧光光谱图。激发光谱(Ⅰ)是通过检测 Eu^{3+} 在 613 nm 处的发射强度随激发波长的变化而测定的,杂化材料均在 380 nm 处出现宽吸收峰,主要源于配体噻吩甲酰三氟丙酮 TTA 的吸收,在463 nm 处的锐线吸收峰源于稀土铕离子的 f-f 电子跃迁。发射光谱图(Ⅱ)以最大吸收的 380 nm 作为激发光波长,得到了位于 577 nm,590 nm,610 nm,

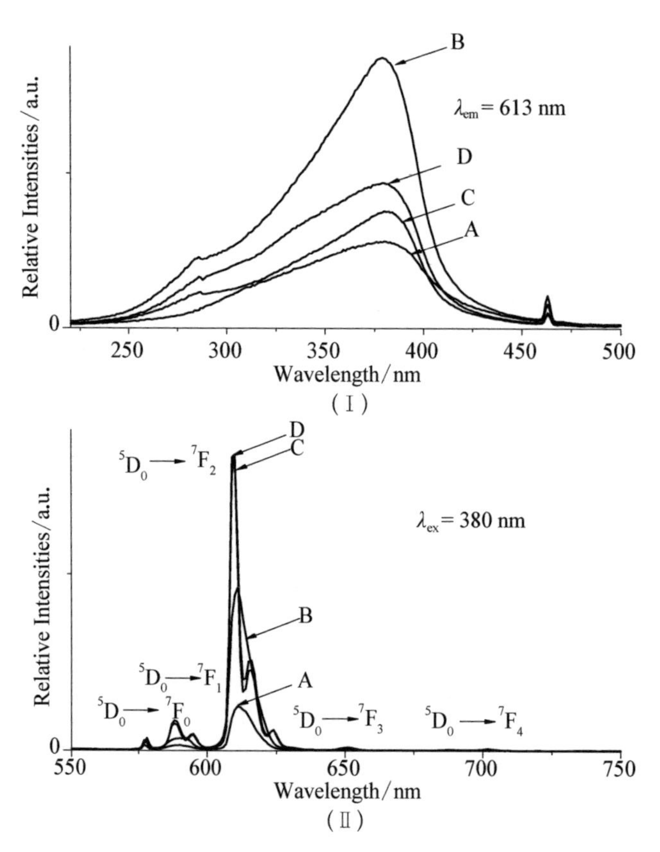

图 4-8 稀土二元和三元杂化材料 TTA-Si-Eu(A),TTA-Si-Eu-PEG(B),TTA-Si-Eu-Phen(C)和 TTA-Si-Eu-Phen-PEG(D)的激发(Ⅰ)、发射(Ⅱ)荧光光谱图

650 nm和702 nm处的铕离子的$^5D_0 \rightarrow {}^7F_J$($J=0, 1, 2, 3, 4$)锐线特征发射峰，位于610 nm的红光发射峰的相对强度较大。位于610 nm处的$^5D_0 \rightarrow {}^7F_2$发射峰属于电偶极跃迁，荧光强度大于位于590 nm处的$^5D_0 \rightarrow {}^7F_1$磁偶极跃迁，说明中心铕离子周围的化学环境对称性较低，铕离子处于偏离反演对称中心的位置上[147]。通常用这两个跃迁的荧光相对强度比值(I_{02}/I_{01})来表明中心稀土离子周围的化学环境。

根据分子内能量传递机制所述，配体三线态能级与稀土离子激发态能级间存在一个合适的能级差范围。稀土Eu^{3+}的$^5D_0$能级分别为17 250 cm^{-1}，有机配体TTA的能级为20 400 cm^{-1}，终端配体邻菲罗啉的能量为19 020 cm^{-1}，所以有机配体TTA在紫外可见区域吸收能量，将能量传递给邻菲罗啉，邻菲罗啉再将能量有效的传递给稀土离子，敏化稀土离子，从而最终杂化材料具有良好的荧光性能。位于613 nm处的$^5D_0 \rightarrow {}^7F_2$发射峰属于电偶极跃迁，荧光强度大于位于589 nm处的$^5D_0 \rightarrow {}^7F_1$磁偶极跃迁。三元杂化材料(B)相比二元杂化材料(A)荧光相对强度有了一定的提高，可能是因为引入的聚合物PEG400，参与了水解共缩聚过程，与无机硅氧网络基质一同取代了材料中残留的部分水分子，从而限制了羟基振动引起的能量猝灭，因此增强了电子的辐射跃迁，提高了荧光相对强度。引入终端配体邻菲罗啉后，二元杂化材料(C)与三元杂化材料(D)显示了几乎相同的荧光相对强度，普遍认为噻吩甲酰三氟丙酮、邻菲罗啉和铕离子之间的能量传递效率非常的高，而且终端配体邻菲罗啉参与配位，弥补了配位数的不足，取代了稀土离子周围存在的配位水分子，极大程度上限制了羟基振动引起的能量猝灭，相对于邻菲罗啉的配位作用，聚合物PEG400对水解缩聚过程起到的持续作用，对整个杂化材料的荧光性能影响相对较小。谱线C和D中，位于610 nm处的电偶极跃迁特征峰发生了劈裂，说明中心铕离子存在两种配位环境，源于两种配体噻吩甲酰三氟丙酮和邻菲罗啉同时参与配位。另外，其他因素也应该考虑，例如像光吸收效率、中心离子浓度以及热去活化速率等。

(8) 荧光寿命与量子效率

为了更加深入地研究杂化体系的荧光效率，我们选取铕离子体系，测定了其$^5D_0$激发态的荧光寿命，并依据铕离子荧光发射谱图和荧光寿命数据计算了铕离子的$^5D_0$激发态的量子效率[148-154]。发光材料的量子效率主要有两个影响因素，一个是荧光寿命，另一个是I_{02}/I_{01}的值，即红橙比。如果荧光寿命长，同时红橙比又比较大的话，材料的量子效率就相对较高。

表 4-1 给出了铕离子配合物以及杂化体系的荧光寿命和量子效率的数据。整体来看，二元杂化材料 TTA-Si-Eu 的I_{02}/I_{01}为 8.1，加入聚合物 PEG400 后为 13.3，红橙比提高了，说明材料的色纯度提高了，辐射跃迁系数也增加了，而且三元杂化材料的荧光寿命(0.724 3 ms)相对于二元杂化材料(0.564 9 ms)也有了明显的提高，量子效率几乎是二元材料的两倍。加入终端配体邻菲罗啉后，三元杂化材料 TTA-Si-Eu-Phen-PEG 的红橙比I_{02}/I_{01}为 9.87，虽然比二元杂化材料低(11.0)，但是其荧光寿命(0.554 3 ms)却比后者(0.731 2 ms)有显著的提高，非辐射跃迁系数也比后者小，因此量子效率也大于二元材料。以上数据证明了聚合物和终端配体邻菲罗啉的引入一定程度上减少了无机硅氧网络机制以及铕离子周围配位的水分子对能量的猝灭作用。

表 4-1 杂化材料 TTA-Si-Eu(A)，TTA-Si-Eu-PEG(B)，TTA-Si-Eu-Phen(C)和 TTA-Si-Eu-Phen-PEG (D)的激发(Ⅰ)、发射(Ⅱ)的荧光寿命及量子效率

Hybrids	TTA-Si-Eu	TTA-Si-Eu-PEG	TTA-Si-Eu-Phen	TTA-Si-Eu-Phen-PEG
I_{02}/I_{01}	8.1	13.3	11.0	9.87
A_{01}/s^{-1}	50.00	50.00	50.00	50.00

续　表

Hybrids	TTA-Si-Eu	TTA-Si-Eu-PEG	TTA-Si-Eu-Phen	TTA-Si-Eu-Phen-PEG
A_{02}/s^{-1}	418.75	689.65	571.04	511.86
τ/(ms)	0.563 9	0.724 3	0.554 3	0.731 2
A_{rad}/s^{-1}	537.17	796.34	652.64	593.16
τ_{exp}^{-1}/s^{-1}	1 773.36	1 380.53	1 803.88	1 367.58
A_{nrad}/s^{-1}	1 236.20	584.19	1 151.24	774.42
η/(%)	30%	58%	36%	43%

4.3　基于2-羟基-3-甲基-苯甲酸桥分子及稀土二元、三元杂化发光材料的制备

4.3.1　实验试剂及仪器

乙二醇、一缩乙二醇、聚乙二醇400(PEG,分子量380～430)、丙酮、正硅酸乙酯、无水乙醇、N,N-二甲基甲酰胺等试剂购买自国药集团化学试剂有限公司。2-羟基-3-甲基-苯甲酸(HMBA)和偶联剂三乙氧硅基异氰酸丙酯购买自Lancaster公司。硝酸铽与硝酸铕均由相应的氧化物溶于硝酸而制得。

4.3.2　合成路线

(1) 羟基修饰的不同长碳链聚合物前驱体的制备

向容量为100 mL的三颈瓶中加入2 mmol乙二醇,接着注入20 mL N,N-二甲基甲酰胺作为反应溶剂,在氩气保护下搅拌至其溶解,然后加入4 mmol(0.990 g)的三乙氧基硅基异氰酸丙酯偶联剂(逐滴加入),整个反应

溶液在氩气保护下加热至 80℃，搅拌 10 h，冷却后，减压蒸去溶剂，最后得到白色油状液体乙二醇前驱体 G－Si。

(2) 一缩乙二醇和聚乙二醇前驱体的制备

图 4－9 给出了乙二醇、一缩乙二醇和聚乙二醇前驱体(G－Si，DG－Si，PEG－Si)的合成路线及预测结构示意图。将上述聚合物分别溶于无水

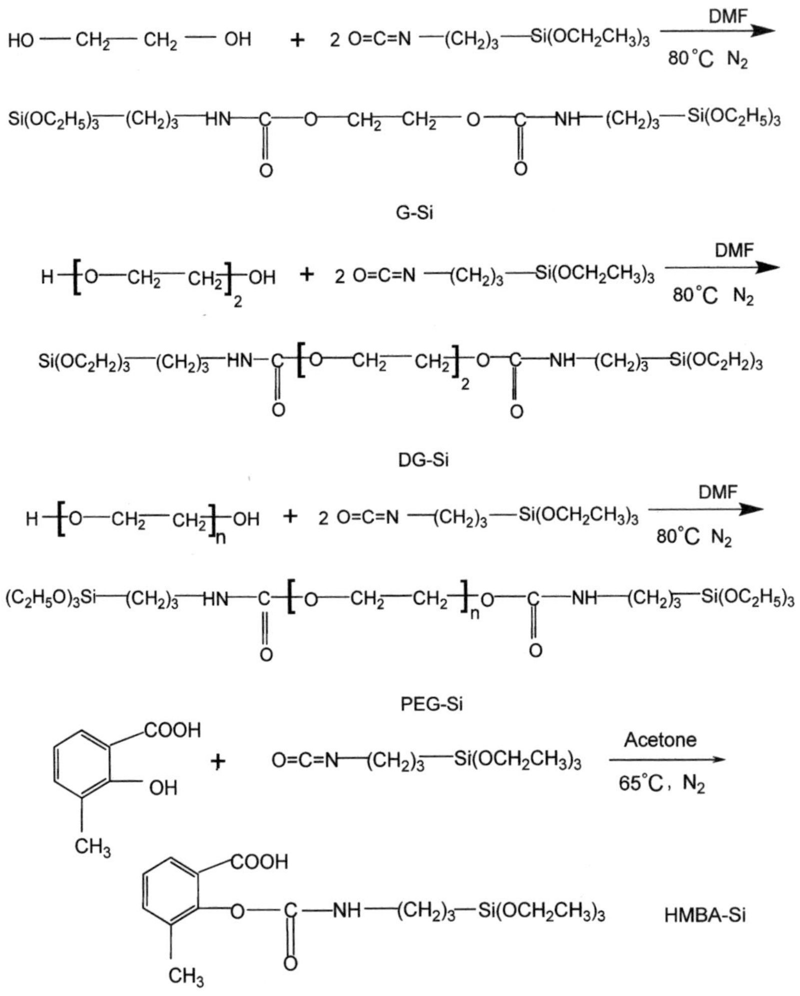

$$HO-CH_2-CH_2-OH + 2\ O{=}C{=}N-(CH_2)_3-Si(OCH_2CH_3)_3 \xrightarrow[80^{\circ}C\ \ N_2]{DMF}$$

$$Si(OC_2H_5)_3-(CH_2)_3-HN-\underset{\underset{O}{\|}}{C}-O-CH_2-CH_2-O-\underset{\underset{O}{\|}}{C}-NH-(CH_2)_3-Si(OC_2H_5)_3$$

G-Si

$$H{\left[O-CH_2-CH_2\right]}_2OH + 2\ O{=}C{=}N-(CH_2)_3-Si(OCH_2CH_3)_3 \xrightarrow[80^{\circ}C\ \ N_2]{DMF}$$

$$Si(OC_2H_2)_3-(CH_2)_3-HN-\underset{\underset{O}{\|}}{C}{\left[O-CH_2-CH_2\right]}_2O-\underset{\underset{O}{\|}}{C}-NH-(CH_2)_3-Si(OC_2H_2)_3$$

DG-Si

$$H{\left[O-CH_2-CH_2\right]}_nOH + 2\ O{=}C{=}N-(CH_2)_3-Si(OCH_2CH_3)_3 \xrightarrow[80^{\circ}C\ \ N_2]{DMF}$$

$$(C_2H_5O)_3Si-(CH_2)_3-HN-\underset{\underset{O}{\|}}{C}{\left[O-CH_2-CH_2\right]}_nO-\underset{\underset{O}{\|}}{C}-NH-(CH_2)_3-Si(OC_2H_5)_3$$

PEG-Si

COOH, OH, CH_3 + $O{=}C{=}N-(CH_2)_3-Si(OCH_2CH_3)_3$ $\xrightarrow[65^{\circ}C,\ N_2]{Acetone}$

COOH, $-O-\underset{\underset{O}{\|}}{C}-NH-(CH_2)_3-Si(OCH_2CH_3)_3$, CH_3　HMBA-Si

图 4－9　G－Si，DG－Si，PEG－Si 和 HMBA－Si 的合成路线及预测结构示意图

乙醇和N,N-二甲基甲酰胺混合溶剂中备用。

(3) 羟基修饰的有机小配体桥分子的制备

向容量为100 mL的三颈瓶中加入2 mmol(0.304 g)2-羟基-3-甲基-苯甲酸,加入30 mL丙酮溶剂,氩气保护下搅拌至其溶解,将2 mmol(0.495 g)三乙氧基硅基异氰酸丙酯偶联剂逐滴加入,加热至65℃,整个反应溶液在氩气保护下,搅拌12 h,冷却后,减压蒸去溶剂,最后得到棕色油状液体桥分子HMBA-Si。

(4) 羟基修饰稀土三元杂化发光材料的制备

将上述制备的桥分子溶解在20 mL无水乙醇中,加入0.7 mmol硝酸铕$Eu(NO_3)_3$,调节混合溶液的pH值为中性。将上述溶液在电磁搅拌下反应4 h,然后加入上述备用的乙二醇前驱体溶液,2 h后加入2 mmol(0.417 g)正硅酸乙酯TEOS。滴加1滴稀盐酸促进水解缩聚反应。搅拌反应4 h后加入少量六亚甲基四氨调节溶液的pH值至6左右。将上述溶液继续搅拌反应10 h直到凝胶的生成,将所得的略微发黏的胶体置于70℃的烘箱中进行陈化和干燥4~7 d,得到均匀透明浅黄色厚膜,最后将其研磨成粉末进行测定表征。

含一缩乙二醇和聚乙二醇的三元杂化材料的制备与上法类似。图4-10给出了羟基修饰芳香羧酸稀土三元杂化材料(HMBA-Si-RE-PEG)的合成路线及预测结构示意图。

4.3.3 基于羟基修饰的芳香羧酸桥分子、聚乙二醇前驱体及杂化发光材料的表征

(1) 核磁数据

表4-2给出了桥分子HMBA-Si,乙二醇前驱体G-Si,一缩乙二醇前驱体DG-Si和聚乙二醇前驱体PEG-Si的氢谱数据。表中,核磁数据表明了所合成的化合物中氢原子的数目和所处的化学环境,通过分析可以

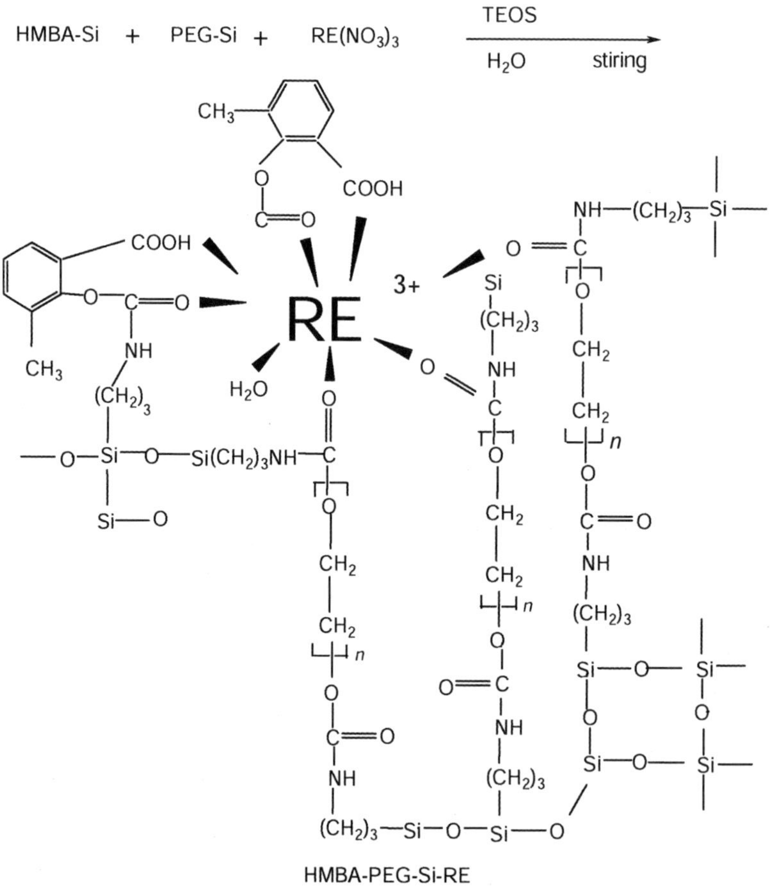

HMBA-Si + PEG-Si + $RE(NO_3)_3$ $\xrightarrow[H_2O \quad stiring]{TEOS}$

HMBA-PEG-Si-RE

图 4-10 稀土三元杂化材料(HMBA-Si-RE-PEG)的合成路线及预测结构示意图

得出所合成的桥分子以及不同链长的聚合物前驱体的结构。桥分子和聚合物前驱体的核磁数据中都出现了位于 4.81 ppm,4.90 ppm,4.85 ppm 和 4.25 ppm 处的仲胺基的核磁峰,说明了三乙氧基硅基异氰酸丙酯的 N═C═O基团与有机配体、聚合物的羟基发生了氢亲核反应。另外核磁数据证明了聚乙二醇 400 的聚合度为 8～9,桥分子和聚合物前驱体中硅氧烷基团没有发生水解反应。

表4-2　桥分子 HMBA-Si，前驱体 G-Si，DG-Si 和 PEG-Si 的氢谱数据

桥分子 & 前驱体	^{1}H NMR (CDCl$_3$，400 MHz)/(ppm)
桥分子 HMBA-Si ($C_{18}H_{29}NO_7Si$)	0.64(2H，t)，1.25(9H，t)，1.68(2H，m)，2.30(3H，s)，3.18(2H，m)，3.84(6H，m)，4.81(1H，t)，6.83(1H，t)，7.38(1H，d)，7.79(1H，d)，10.80(1H，s)
乙二醇前驱体 G-Si($C_{22}H_{48}N_2O_{10}Si_2$)	0.70(4H，t)，1.25(18H，t)，1.72(4H，m)，3.20(4H，m)，3.74(12H，m)，3.88(4H，t)，4.90(2H，t)
一缩乙二醇前驱体 DG-Si ($C_{24}H_{52}N_2O_{11}Si_2$)	0.71(4H，t)，1.22(18H，t)，1.81(4H，m)，3.25(4H，m)，3.47(4H，t)，3.68(12H，m)，3.85(4H，t)，4.85(2H，t)
聚乙二醇前驱体 PEG-Si	0.68(4H，t)，1.07(18H，t)，1.85(4H，m)，3.35(4H，m)，3.42(32H，t)，3.85(12H，m)，4.25(2H，t)

(2) 红外光谱

图4-11给出了桥分子 HMBA-Si(A)，不同链长聚合物前驱体 G-Si(B)和 DG-Si(C)的红外光谱图。从图中可以清晰地看到，分别位于三条谱线中 1 673 cm^{-1}(A)，1 691 cm^{-1}(B)和 1 695 cm^{-1}(C)处的三个吸收峰源于—CONH—的伸缩振动吸收，位于 2 964～2 882 cm^{-1}(A)，2 973～2 874 cm^{-1}(B)和 2 973～2 878 cm^{-1}(C)区间的三个尖锐吸收峰源于偶联剂 TEPIC 中三个亚甲基的伸缩振动。位于 1 156 cm^{-1}(A)，1 134 cm^{-1}(B)和 1 165 cm^{-1}(C)处的吸收峰源于 Si—C 键的伸缩振动，位于 1 073 cm^{-1}(A)，1 065 cm^{-1}(B)和 1 074 cm^{-1}(C)处的吸收峰源于 Si—O 键的伸缩振动，说明桥分子和聚合物前驱体中的硅氧烷基团没有水解。另外，位于 3 400 cm^{-1} 处的宽吸收峰源于水分子(3 600～3 000 cm^{-1})，羰基(3 500～3 400 cm^{-1})以及仲胺基(3 500～3 200 cm^{-1})的耦合振动。以上讨论均说明了桥分子与聚合物前驱体的制备成功。

(3) 紫外光谱

图4-12给出了配体 HMBA(A)和桥分子 HMBA-Si(B)的紫外光谱

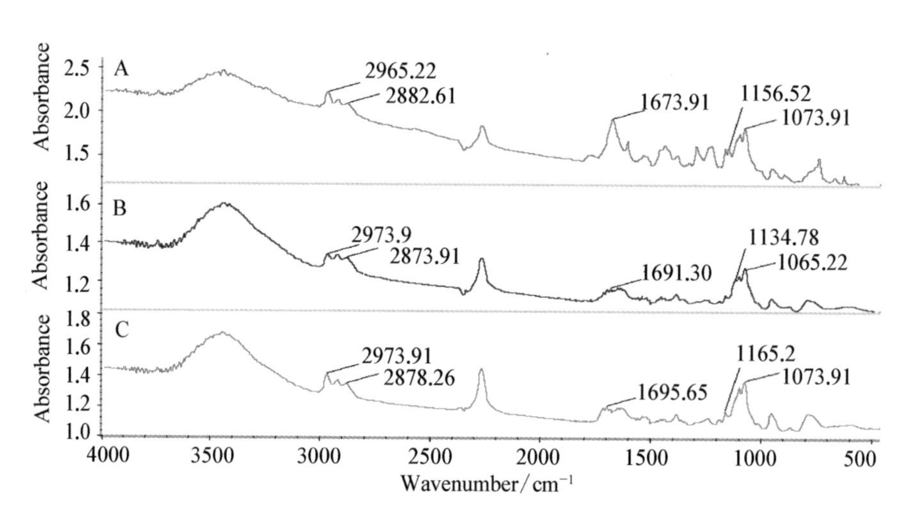

图 4-11　桥分子 HMBA-Si(A),不同链长聚合物前驱体 G-Si(B)和 DG-Si(C)的红外光谱图

图。从图中可以清晰地看到,谱线 A 的紫外吸收峰位于 247 nm 和305 nm,源于芳香羧酸配体 2-羟基-3-甲基-苯甲酸的共轭结构的吸收,在谱线 B 中红移了 9 nm,两个吸收峰移至 249 nm 和 314 nm。我们推断,经过修饰后的桥分子 HMBA-Si 的电子排布发生了变化,其 $\pi \rightarrow \pi^*$ 电子跃迁也有了一些改变,电子基态与激发态之间的能级差变小,可能是由于偶联剂的引入,整个桥分子的结构共轭性增强,增加了分子的稳定性,促进了电子在能级间的跃迁,表明偶联剂与配体 HMBA 之间氢转移反应的完成。

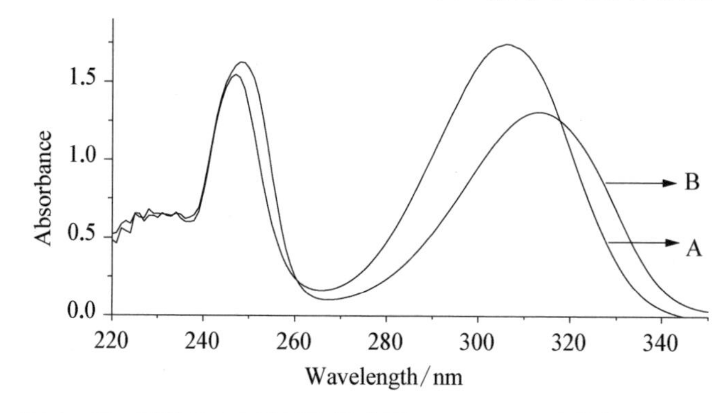

图 4-12　配体 HMBA(A)和桥分子 HMBA-Si(B)的紫外光谱图

(4) TG分析

为研究所得的杂化材料的热力学行为，我们采用热重分析对所得材料的热力学稳定性进行了表征。图4-13给出了稀土铽杂化材料HMBA-DG-Si-Tb的TG-DTG图。从图中看出，材料第一个失重过程从142℃开始，到266℃，最快失重速率大约在240℃，总过程大约有5%的失重，源于材料中的残留溶剂DMF和水分子的热解。杂化材料第二个失重过程从260℃开始，到380℃结束，最快失重速率大约在325℃，总过程大约有22%的失重，根据原料的用量以及预测的分子结构进行计算，杂化材料中桥分子HMBA-Si的比重为32%，这个失重过程源于材料中的部分桥分子中有机组分的热解。杂化材料的第三个失重过程从380℃开始，到540℃，最快失重速率大约在414℃，总过程大约有13%的失重，此失重过程为聚合物有机碳链的断裂和热解。经计算，杂化材料中的无机基质与中心离子共占的比重为45%，如图中所示，当温度达到1 200℃时，杂化材料的残留质量为50%，与推测值接近。

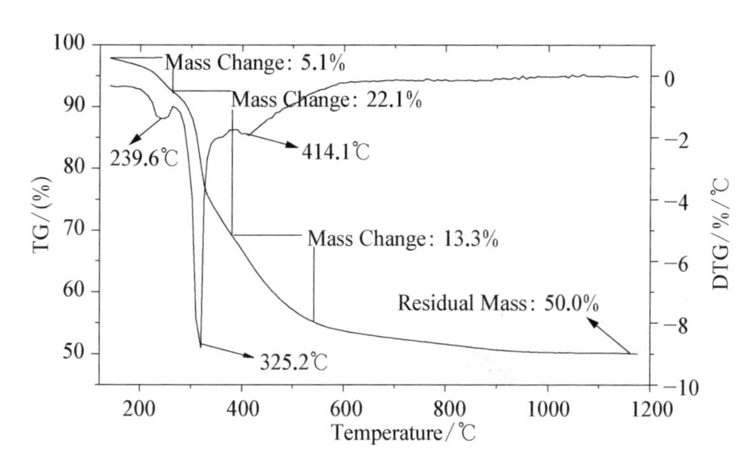

图4-13　稀土铽杂化材料HMBA-DG-Si-Tb的TG-DTG图

(5) 扫描电镜

图4-14给出了稀土杂化材料HMBA-G-Si-Tb(A)/Eu(B)，HMBA-DG-Si-Tb(C)/Eu(D)和HMBA-PEG-Si-Tb(E)/Eu(F)的

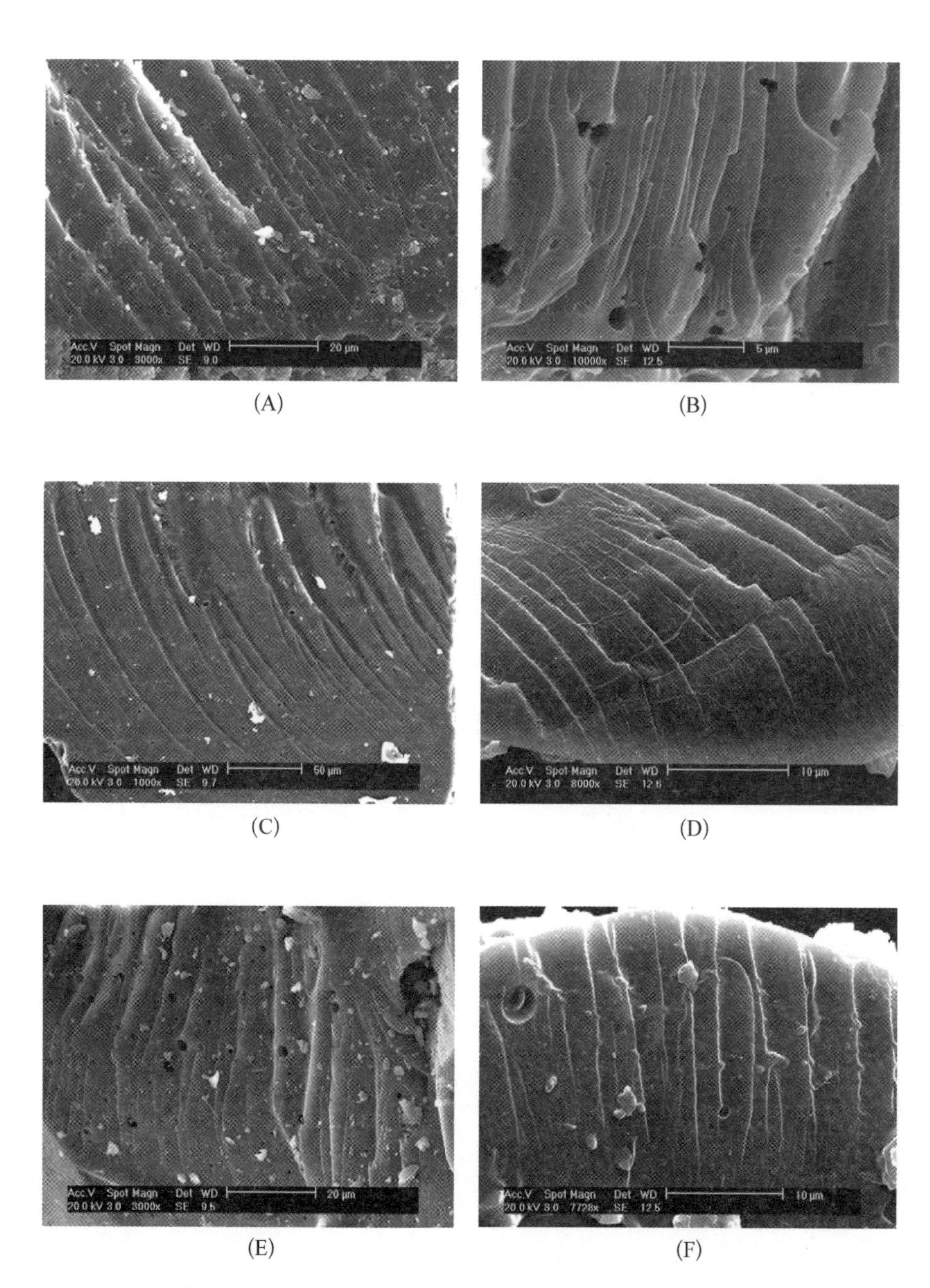

图 4-14　稀土杂化材料 HMBA-G-Si-Tb(A)/Eu(B),HMBA-DG-Si-Tb(C)/Eu(D)和 HMBA-PEG-Si-Tb(E)/Eu(F)的扫描电镜图

扫描电镜图。从扫描电镜图片中看出，由于无机组分与有机配体、有机聚合物三者通过偶联剂的水解缩聚作用以及与稀土离子的配位作用连接起来，三者之间存在着共价键或配位键的强作用力，因此无机组分和有机组分之间没有出现两相分离的现象，初步实现了制备以共价键为主要作用力的杂化材料的构想[145,146]。

芳香羧酸配体 HMBA 具有一个甲基，一个羟基和一个羧基基团，易形成二维层状或者三维网状的微观形貌，所以其与稀土形成的配合物具有沿着层状或网状的生长趋势，而硅氧烷水解缩聚形成硅氧网络又易使杂化材料形成树枝状的条纹结构，这两种生长趋势并存并相互竞争。一般认为，材料的微观形貌主要是在溶胶-凝胶水解共缩聚过程中形成的。因此，不同链长的聚合物前驱体的引入主要是在水解缩聚过程中起了持续的作用，为此促进了由硅氧烷水解缩聚形成的树枝状条纹结构的生长趋势，而对于桥分子与稀土离子形成的配合物的生长趋势的影响很小。最终六种杂化材料均形成了规则的宽度大约在 4～10 μm 的树枝状条纹结构，由于中心离子以及聚合物前驱体的不同，材料的条纹状的尺寸略微有所不同。我们也正试图探索影响材料形貌的各个因素之间的关系，通过各个条件的调控，以期得到形貌均一规整、发光性能优异的杂化材料，来达到形貌可控的效果。这部分工作还需要进一步研究探索。

(6) X-射线粉末衍射

X-射线衍射技术普遍被认为是研究固体最有效地工具，而且对于液体和非晶态固体，这种方法也能提供一些基本的数据。从图 4-15 我们可以看出，杂化材料 A，B 和 C 整体上都是无定形形态的。所有材料的 X-射线谱图在 $2\theta=21^\circ\sim22^\circ$附近都表现出一个比较弱的宽峰，这是无定形的硅基材料的一个典型特征[141-143]。由于杂化材料有机配体和长碳链聚合物作为一个分子组分通过共价键和配位键嫁接到无机网络中，从而在 XRD 图中看不出任何的晶体结构的特征峰。从图中可以看出杂化材料体系中仍残留一些弱的尖锐峰，这可能是由于在溶胶向凝胶转化的过程中，局部水解缩聚不均匀产生的一些小的有晶相结构的聚集体的出现。一般说来，具有长碳链的有机聚合物的结构是规则的，但是聚合物的加入并没有改变整个杂化材料中硅氧网络主体骨架的无定形结构，但是对无定形宽峰有了一定的影响，可能是由于有机组分的增多限制无机相晶相结构的产生。另外，C中的衍射峰的强度相比A和B较大，我们推断，A和B中的碳链较短，C中含有较长碳链的聚合物聚乙二醇400，其大约有8～9个聚合度，因此长的碳链在杂化材料中起到弱的有机结构导向剂的模板作用，与强的共价键与配位键协同作用，对材料的有序性有了一定的促进作用。

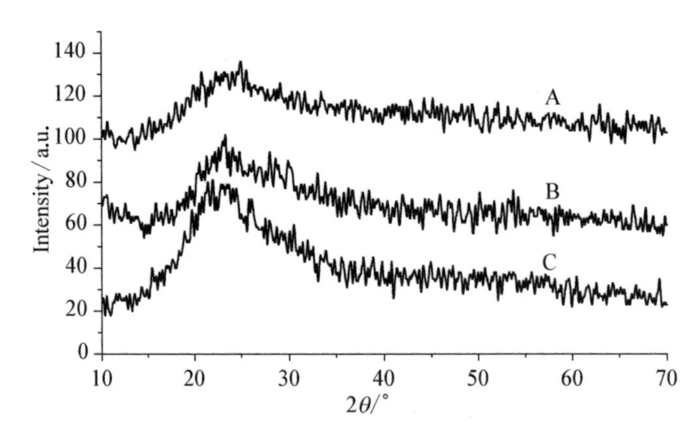

图4-15 稀土杂化材料HMBA-G(A)/DG(B)/PEG(C)-Si-Eu的XRD图

(7) 荧光光谱

图4-16给出了稀土三元杂化材料HMBA-G(A)/DG(B)/PEG(C)-Si-RE的激发、发射荧光光谱图（Ⅰ为铽杂化材料，Ⅱ为铕杂化材料）。图（Ⅰ）中，激发光谱是通过检测Tb^{3+}在545 nm处的发射强度随激发波长的变化而测定的，杂化材料均在340 nm处出现宽吸收峰，主要源于配体2-羟基-3-甲基-苯甲酸共轭结构的吸收，发射光谱图以最大吸收的340 nm作为激发光波长，得到了位于486 nm，543 nm，583 nm和619 nm处的铽离

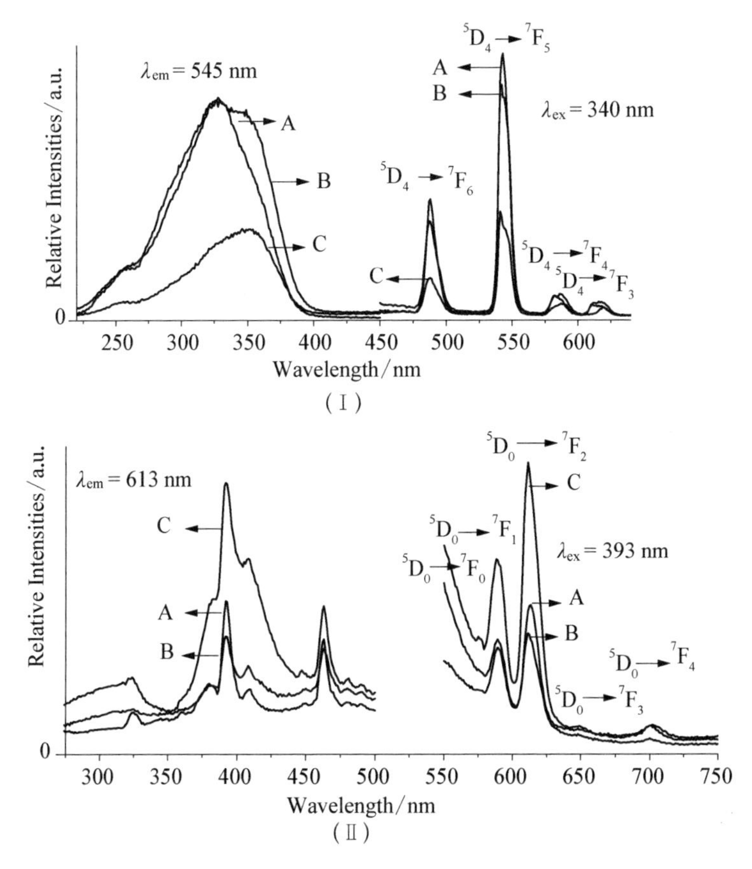

图 4-16　稀土杂化材料 HMBA-G(A)/DG(B)/PEG(C)-Si-RE 激发、发射荧光光谱图(Ⅰ为铽杂化材料,Ⅱ为铕杂化材料)

子的$^5D_4$→^7F_J(J=6, 5, 4, 3)锐线特征发射峰,位于 543 nm 的绿光发射峰的相对强度较大。该类杂化发光材料的发射光谱图中平滑的基线表明,在有机基团和铽离子之间的能量传递效率非常高,没有有机基团的自发光现象出现。从图(Ⅰ)中可以看出,含最长碳链聚乙二醇的杂化材料的荧光相对强度最差,几乎是含乙二醇和一缩乙二醇前驱体杂化材料的一半。

图(Ⅱ)中,激发光谱是通过检测 Eu^{3+} 在 613 nm 处的发射强度随激发波长的变化而测定的,杂化材料均在 320 nm 处出现弱的宽吸收峰,源于配体 2-羟基-3-甲基-苯甲酸 HMBA 共轭结构的吸收,而在 393 nm 和 463 nm

处出现了强的锐线吸收峰，源于稀土铕离子的 f－f 电子跃迁，说明有机配体 HMBA 与稀土铕离子之间的能量传递较差，HMBA 无法将吸收的能量有效地传递给稀土铕离子。发射光谱图以最大吸收的 393 nm 作为激发光波长，得到了位于 575 nm，589 nm，612 nm，648 nm 和 701 nm 处的铕离子的$^5D_0 \rightarrow {}^7F_J$($J$=0，1，2，3，4)锐线特征发射峰，位于 612 nm 的红光发射峰的相对强度较大。由于能量传递效率不高，发射光谱谱线偏离基线较大。图(Ⅱ)中位于 612 nm 处的$^5D_0 \rightarrow {}^7F_2$ 发射峰属于电偶极跃迁，荧光强度大于位于 589 nm 处的$^5D_0 \rightarrow {}^7F_1$ 磁偶极跃迁，说明中心铕离子周围的化学环境对称性较低，铕离子处于偏离反演对称中心的位置上[147]。根据分子内能量传递机制所述，在配体三线态能级与稀土离子激发态能级间存在一个合适的能级差范围。稀土 Tb^{3+} 和 Eu^{3+} 的$^5D_0$ 能级分别为 20 430 cm^{-1} 和 17 250 cm^{-1}，有机配体 HMBA 的能级为 22 730 cm^{-1}，与稀土 Tb^{3+} 和 Eu^{3+}之间的能级差分别为 2 300 cm^{-1} 和 5 480 cm^{-1}，所以有机配体 HMBA 与稀土 Tb^{3+}之间的能级较匹配，分子内传能效率较高，证实了上述推论，并在荧光发射光谱中体现出来。

从图(Ⅱ)中可以看出，含最长碳链聚乙二醇的杂化材料的荧光相对强度最大，几乎是含乙二醇和一缩乙二醇前驱体的杂化材料的二倍，这种规律与图(Ⅰ)发射光谱的规律正好相反，我们推断，在杂化材料中，除了有机配体 HMBA 与稀土离子参与配位，聚乙二醇前驱体侧链中的部分羰基也可能参与配位过程，因此根据能量传递理论，聚乙二醇前驱体的能量与稀土 Eu^{3+} 的能级较与 Tb^{3+} 的能级更匹配，所以聚乙二醇前驱体、有机配体 HMBA 与稀土 Eu^{3+}之间的传能效率较高，并且高于同一体系中乙二醇和一缩乙二醇前驱体与有机配体 HMBA、稀土 Eu^{3+} 之间的传能效率。总体来看，这两种杂化材料都表现出了较高的荧光性能，是因为引入的不同长碳链聚合物参与了水解共缩聚过程，与无机硅氧网络基质一同取代了材料中残留的部分水分子，从而限制了羟基振动引起的能量猝灭，因此，增强了电子辐射跃迁，提高了荧光相对强度，但针对铽离子和铕离子的体系，随着有机碳链的增长，两体系材料的荧光性能并没有形成统一的规律。另外，其他因素也应该考虑，像光吸收效率、中心离子浓度以及热去活化速率等。

(8) 荧光寿命与量子效率

为了更加深入的研究杂化体系的荧光效率，我们选取铕离子体系，测定了其$^5D_0$激发态的荧光寿命，并依据铕离子荧光发射谱图和荧光寿命数据计算了铕离子的$^5D_0$激发态的量子效率[148-154]。实验荧光强度参数(Ω_λ, $\lambda=2, 4$)，可以由$^5D_0 \rightarrow {}^7F_2$和$^5D_0 \rightarrow {}^7F_4$跃迁的光谱数据，以$Eu^{3+}$的磁偶极跃迁$^5D_0 \rightarrow {}^7F_1$作为标准，计算出实验强度参数$\Omega$[148,149,154-157]。

另外，根据Horrocks的一系列研究，中心离子周围的配位水分子个数可以通过非辐射跃迁系数依据以下的公式计算得出[160]：

$$n_w = 1.05A_{nr} \times 10^{-3} \tag{4-1}$$

表4-3给出了铕三元杂化体系的荧光寿命，量子效率，配位水分子和实验强度系数的具体数据。发光材料的量子效率主要有两个影响因素，一个是荧光寿命，另一个是I_{02}/I_{01}的值，即红橙比。如果荧光寿命长，同时红橙比又比较大的话，材料的量子效率就相对较高。整体来看，三种杂化材料的荧光寿命以及效率都非常低，是由于配合物的配位数不足，从而引入了较多水分子充当配体来补足配位数，在一个基元中，水分子大约为4个，因此羟基伸缩振动引起的能量猝灭效应降低了材料的荧光量子效率。杂化材料HMBA-G-Si-Eu和HMBA-PEG-Si-Eu的红橙比分别为1.41和1.49，大于HMBA-G-Si-Eu的红橙比，说明前两者材料的色纯度较高，中心铕离子更加偏离反演中心，相对位于更不对称的配位环境中。在三种杂化材料中，HMBA-PEG-Si-Eu的一个基元中配位水的个数最多，大约有4个配位水，因此，非辐射跃迁系数最大，由羟基伸缩振动引起的能量猝灭效应最强，导致了材料的荧光寿命较低，即使红橙比略

高于其他材料，最终的荧光量子效率也非常低。另外可能是因为聚乙二醇 400 自身的空间构型较大，在部分羰基参与配位时，存在较大的空间位阻效应，从而限制了其与稀土铕离子配位，使得杂化材料中的配位数严重不足，必须有大量的水分子参与配位。由于乙二醇的链长较短，空间体积较小，可以在一个基元有限的空间内尽可能地参与与稀土铕离子的配位，补足了配位数，取代了配位水分子，因此材料的荧光寿命和量子效率都较大。材料 HMBA－G－Si－Eu 和 HMBA－PEG－Si－Eu 的实验强度参数 Ω_2 较 HMBA－DG－Si－Eu 大，同样证明了前两者材料的中心铕离子更加偏离反演中心，相对处于更不对称的配位环境中。以上数据证明了中心离子的配位数和聚合物的空间构型一定程度上影响了最终材料的荧光性能。

表 4－3　杂化材料 HMBA－G－Si－Eu，HMBA－DG－Si－Eu 和 HMBA－PEG－Si－Eu 的荧光寿命，量子效率，配位水个数以及实验强度系数据

Hybrids	HMBA－G－Si－Eu	HMBA－DG－Si－Eu	HMBA－PEG－Si－Eu
I_{02}/I_{01}	1.41	1.05	1.49
A_{01}/s^{-1}	50.00	50.00	50.00
A_{02}/s^{-1}	73.15	54.53	77.66
$\tau/(ms)^c$	0.365	0.302	0.294
A_{rad}/s^{-1}	155.55	145.60	161.03
τ_{exp}^{-1}/s^{-1}	2 741.23	3 282.99	3 448.28
A_{nrad}/s^{-1}	2 585.68	3 137.39	3 287.25
n_w	2.7	3.3	3.5
$\eta/(\%)$	5.68	4.44	4.67
$\Omega_2/(\times 10^{-20}\ cm^2)$	2.12	1.58	2.25
$\Omega_4/(\times 10^{-20}\ cm^2)$	0.46	0.25	0.28

4.4 本章小结

1. 选择了β-二酮配体(噻吩甲酰三氟丙酮)、芳香羧酸类配体(2-羟基-3-甲基-苯甲酸),以及乙二醇、一缩乙二醇和聚乙二醇,利用三乙氧基硅基异腈酸丙酯对有机小配体和聚合物分子进行亲电加成反应,制备了桥分子以及不同链长的聚合物前驱体,通过配位反应形成配合物,并进一步通过有机硅基团的水解缩聚反应,将不同链长的聚合物前驱体引入,制备了发光性能良好的含有稀土铕(发红光)、稀土铽(发绿光)的二元和三元稀土杂化发光体系,均表现出规则的微观形貌、较好的荧光性能和热稳定性。

2. 通过对所制备的二元和三元发光材料的光致发光机理研究,证明了对于β-二酮类杂化材料,无论是否有终端配体邻菲罗啉的存在,聚合物的引入均可以改善二元杂化材料的荧光性能,而且含聚合物的三元杂化材料表现出与二元材料相似的热稳定性。

3. 通过对所制备的发光材料的微观形貌形成机理研究,证明通过水解缩聚方式引入的聚合物对最终材料微观形貌的影响程度要大于通过配位方式引入的聚合物。

4. 含有不同链长聚合物前驱体的杂化材料体系,铕和铽杂化材料均表现出规则的微观形貌和良好的荧光性能,但两类材料的荧光性能并没有随着有机碳链的增长表现出统一的规律性。

第5章

基于自由基加聚嫁接方式制备含苯硼酸类、不饱和羧酸类多元稀土/无机/有机/高分子杂化发光体系

5.1 引　　言

芳基硼酸是一类在空气中比较稳定、对潮气不敏感、可以长期保存且反应活性较高的有机合成、医药、化工中间体[161,162]，其衍生物可以作为一种多羟基化合物的识别体[163]，除了可以对生物体中的多羟基化合物进行检测、分离与提纯外，还可以将这种识别功能用于自律式给药系统或调节某些生命活动，相对于酶类物质，具有价格低廉、完全由人工合成材料组成、稳定不易失活等优点，因此，在过去的几十年里，得到了众多研究者的关注与重视[164-166]，研究领域主要集中在药物控制释放和生物医学方面[167]。苯邻二甲酰亚胺是化学合成中一种重要的中间体，是合成苯酞、邻苯二腈、靛蓝染料等多种精细化学品的原料，广泛用于染料、农药、医药、橡胶等行业[168]。苯乙酸具有羧基、亚甲基氢和苯环的典型反应，生成许多有用的中间体，在医药、农药、香料等行业都有广泛的用途，还可用于制造高性能工程塑料、荧光增白剂、染料、液晶材料等。因此，本章选择了带有以

上结构且同时具有不饱和键的多种单体，通过自由基加聚反应合成带官能基团(配位基团和水解基团)的聚合物，利用偶联剂对 4-乙烯基苯硼酸进行化学改性，通过配位、水解共缩聚过程等反应使有机配体、中心稀土离子与长碳链聚合物三者以强作用力形式构筑于同一个基元中，构筑稀土杂化材料，并且系统地研究了材料的微观形貌、热稳定性和发光性能，以及不同有机单体对杂化材料性能的影响。在这类材料中有机单体利用自身不饱和双键，通过自由基加聚方式将长碳链引入到无机硅氧网络基元中的。聚合物配体补足了配位数，降低了配位水分子的羟基引起的能量猝灭效应，另外在能量吸收和传递过程中起了一定的作用，自身的刚性平面的引入也增强了材料的结构稳定性，因此多元稀土/无机/有机/高分子杂化材料具有优异的光、电、磁性质，在功能材料领域有广阔的应用前景。

5.2　基于反式-苯乙烯基乙酸和 4-乙烯基苯硼酸多元稀土/无机/有机/高分子杂化发光材料的制备

5.2.1　实验试剂及仪器

吡啶、正硅酸乙酯、无水乙醇、N,N-二甲基甲酰胺等试剂购买自国药集团化学试剂有限公司。4-乙烯基苯硼酸、N-乙烯基苯邻二甲酰亚胺、反式-苯乙烯基乙酸、乙烯基三甲氧基硅烷和偶联剂丙基三乙氧硅基异氰酸丙酯购买自 Lancaster 公司。硝酸铽与硝酸铕均由相应的氧化物溶于硝酸而制得。

5.2.2　合成路线

(1) 羟基修饰的 4-乙烯基苯硼酸桥分子的制备

向容量为 100 mL 的三颈瓶中加入 2 mmol 4-乙烯基苯硼酸 VPBA

(0.286 g)，接着注入 20 mL 吡啶作为反应溶剂，在氩气保护下搅拌至其溶解，然后加入 4 mmol(0.990 g)的三乙氧基硅基异氰酸丙酯偶联剂逐滴加入，整个反应溶液在氩气保护下加热至 75℃，搅拌 12 h，冷却后，减压蒸去溶剂，最后得到白色油状液体聚合物前驱体。图 5-1 给出了羟基修饰 4-乙烯基苯硼酸桥分子(VPBA-Si)的合成路线及预测结构示意图。

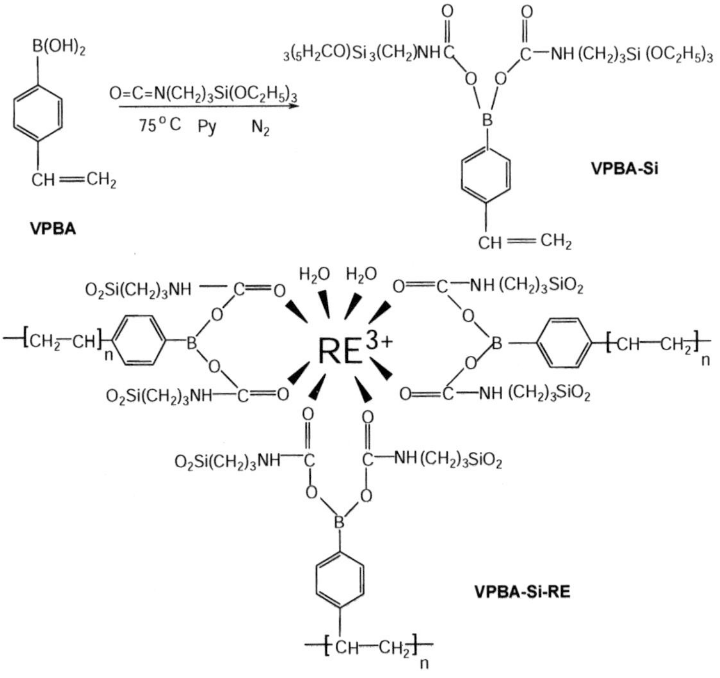

图 5-1 桥分子(VPBA-Si)及杂化材料(VPBA-Si-RE)的合成路线及预测结构示意图

(2) 基于羟基修饰 4-乙烯基苯硼酸桥分子的稀土杂化发光材料的制备

将上述制备的桥分子溶解在 20 mL 吡啶溶剂中，加入单体质量的 1% 的引发剂过氧化苯甲酰(BPO)，在氩气保护下加热至 75℃，整个反应溶液在氩气保护下搅拌 6 h，冷却后，减压蒸去溶剂，最后得到黏稠状的液体。将以上得到的黏稠液体溶解于 20 mL N,N-二甲基甲酰胺和无水乙醇的混合溶剂中，加入0.7 mmol 硝酸铕 $Eu(NO_3)_3$（硝酸铽 $Tb(NO_3)_3$），调节混合溶液的pH值为中性。将上述溶液在电磁搅拌下反应4 h，然后加入少量六亚甲基四氨调节溶液的pH值至6左右。将上述溶液继续搅拌反应10 h直到凝胶的生成，将所得的略微发黏的胶体置于70℃的烘箱中进行陈化和干燥4～7 d，得到均匀透明的浅黄色厚膜，最后将其研磨成粉末进行测定表征。图5-1给出了基于羟基修饰4-乙烯基苯硼酸桥分子的稀土杂化材料（VPBA-Si-RE）的合成路线及预测结构示意图。

（3）基于4-乙烯基苯硼酸桥分子的聚合物前驱体的制备

将上述制备的桥分子溶解在20 mL吡啶溶剂中，加入2 mmol（0.346 g）N-乙烯基苯邻二甲酰亚胺VPHD（0.326 g反式-苯乙烯基乙酸TSLA），在氩气保护下搅拌至其溶解，加入单体质量的1%的引发剂过氧化苯甲酰（BPO），加热至75℃，整个反应溶液在氩气保护下搅拌6 h，冷却后，减压蒸去溶剂，最后得到黏稠状的液体聚合物前驱体（VPBA-Si-VPHD和VPBA-Si-TSLA）。

（4）基于反式-苯乙烯基乙酸的聚合物前驱体的制备

将2 mmol（0.326 g）反式-苯乙烯基乙酸TSLA溶解在30 mL吡啶溶剂中，在氩气保护下搅拌至其溶解，加入2 mmol（0.296 g）乙烯基三甲氧基硅烷VTMS，搅拌至溶解，然后加入单体质量的1%的引发剂过氧化苯甲酰（BPO），加热至75℃，整个反应溶液在氩气保护下搅拌6 h，冷却后，减压蒸去溶剂，最后得到黏稠状的液体聚合物前驱体（VTMS-Si-TSLA）。

（5）多元稀土杂化发光材料的制备（通过配位、水解缩聚和自由基加聚反应）

将上述制备的聚合物前驱体（VTMS-Si-TSLA，VPBA-Si-TSLA和VPBA-Si-VPHD）溶解在N，N-二甲基甲酰胺和无水乙醇的混合溶剂中，加入0.7 mmol 硝酸铕 $Eu(NO_3)_3$（硝酸铽 $Tb(NO_3)_3$），调节混合溶液的pH值为中性。将上述溶液在电磁搅拌下反应2 h，继续搅拌4 h后加入 4 mmol(0.934 g)正硅酸乙酯 TEOS。滴加 1 滴稀盐酸促进水解缩聚反应。搅拌反应 4 h 后加入少量六亚甲基四氨调节溶液的 pH 值至 6 左右。将上述溶液继续搅拌反应 10 h 直到凝胶的生成，将所得的略微发黏的胶体置于 70℃的烘箱中进行陈化和干燥 4～7 d，得到均匀透明浅黄色厚膜，最后将其研磨成粉末进行测定表征。图 5 - 2 给出了稀土杂化材料(VTMS - Si - TSLA - RE，VPBA - Si - TSLA - RE 和 VPBA - Si - VPHD - RE)的合成路线及预测结构示意图。

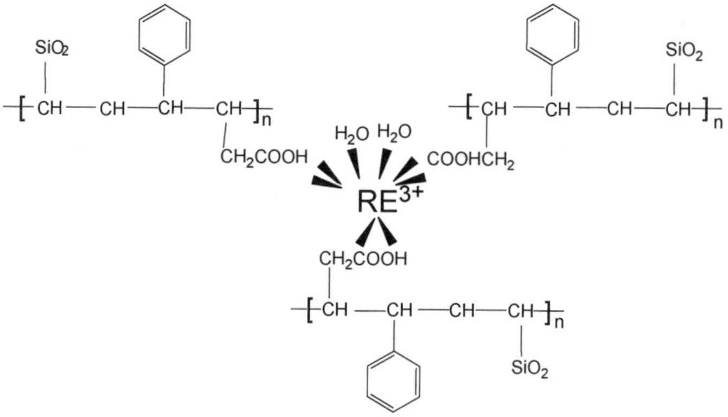

VTMS-Si-TSLA-RE

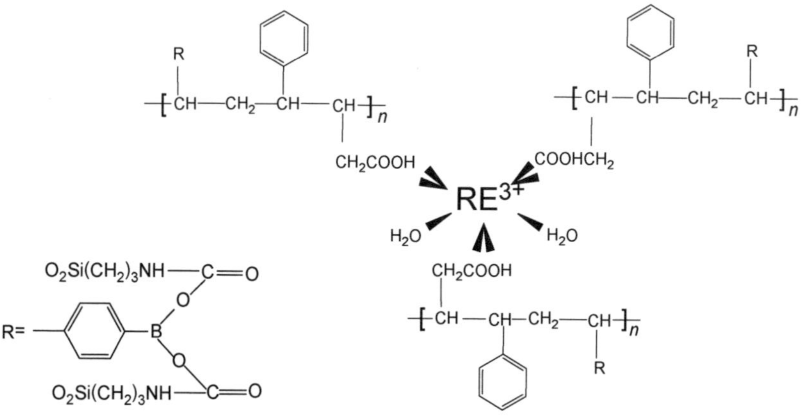

VPBA-Si-TSLA-RE

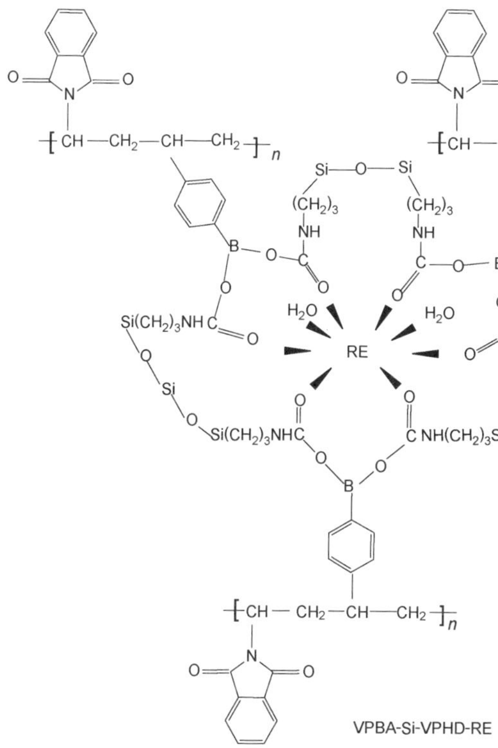

VPBA-Si-VPHD-RE

图 5-2　杂化材料 VTMS-Si-TSLA-RE，VPBA-Si-TSLA/VPHD-RE 合成路线及预测结构示意图

5.2.3　基于反式-苯乙烯基乙酸和 4-乙烯基苯硼酸多元稀土/无机/有机/高分子杂化发光材料的表征

(1) 红外光谱

图 5-3 给出了羟基修饰 4-乙烯基苯硼酸桥分子 VPBA-Si 的红外光谱图。从图中我们可以清晰地看到，位于 2 971 cm^{-1}，2 931 cm^{-1} 和 2 885 cm^{-1} 处的三个尖锐的吸收峰，源于偶联剂 TEPIC 中三个亚甲基的伸缩振动，而偶联剂中位于 2 273 cm^{-1} 处异氰酸酯基的吸收峰在图中没有观测到，说明异氰酸酯基团参加了反应。位于 1 702 cm^{-1} 和 1 544 cm^{-1} 处的吸收峰分别

来自羰基和仲胺基的振动吸收峰，位于 1 071 cm^{-1}和 465 cm^{-1}处的吸收峰源于 Si—O 键的伸缩和弯曲振动，从谱图中看出吸收峰基本上为尖锐的峰，没有形成较大范围的宽峰，说明桥分子中的硅氧烷集团并没有发生水解反应。位于 1 327 cm^{-1}和 1 248 cm^{-1}处的吸收峰源于 Si—C 键的伸缩振动。以上所有讨论都证明了桥分子 VPBA - Si 的制备成功。

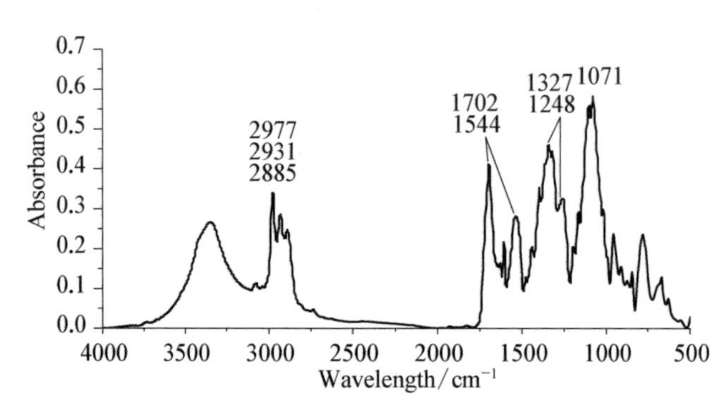

图 5 - 3　4 -乙烯基苯硼酸桥分子 VPBA - Si 的红外光谱图

(2) 紫外光谱

图 5 - 4 给出了羟基修饰 4 -乙烯基苯硼酸桥分子 VPBA - Si(A)，聚合物前驱体 VPBA - Si - TSLA(B)，VPBA - Si - VPHD(C)和 VTMS - Si - TSLA(D)的紫外光谱图。从图中可以清晰地看到，谱线 A 的紫外吸收峰位于 261 nm，源于 4 -乙烯基苯硼酸桥分子的苯环以及不饱和键的共轭结构吸收，在经过自由基加聚反应之后，聚合物前驱体 VPBA - Si - VPHD (B)和 VPBA - Si - TSLA(C)的吸收峰分别蓝移至 255 nm 和 252 nm。我们推断，经过自由基加聚反应后，引入其他带有共轭结构的有机物，而且不饱和双键变为饱和键，整个前驱体的电子排布发生了变化，$\pi \rightarrow \pi^*$ 电子跃迁也有了一些改变，电子基态与激发态之间的能级差变大，可能由于整个桥分子的结构过于庞大，在有限的空间中存在着较大的位阻效应，降低了分子的稳定性和共轭性，限制了电子在能级间的跃迁。相对于 B，谱线 D 的吸收峰蓝移在 247 nm 处，说明反式-苯乙烯基乙酸与乙烯基三甲氧基硅烷

经过自由基加聚反应后，生成的聚合物前驱体 VTMS－Si－TSLA 的电子基态与激发态之间的能级差变大，降低了分子的稳定性和共轭性，限制了电子$\pi \rightarrow \pi^*$跃迁，可能因为乙烯基三甲氧基硅烷结构中只有不饱和双键，共轭性相对于4－乙烯基苯硼酸中的苯环结构较差。因此通过紫外光谱可知，不同的聚合物前驱体已制备成功。

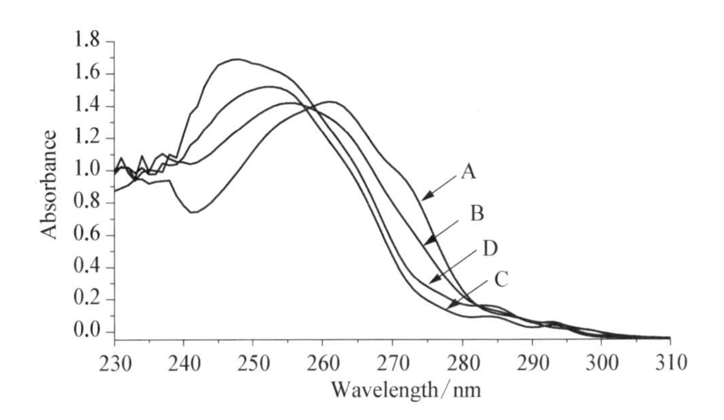

图5－4 桥分子 VPBA－Si(A)，前驱体 VPBA－Si－TSLA(B)，VPBA－Si－VPHD(C)和 VTMS－Si－TSLA(D)的紫外光谱图

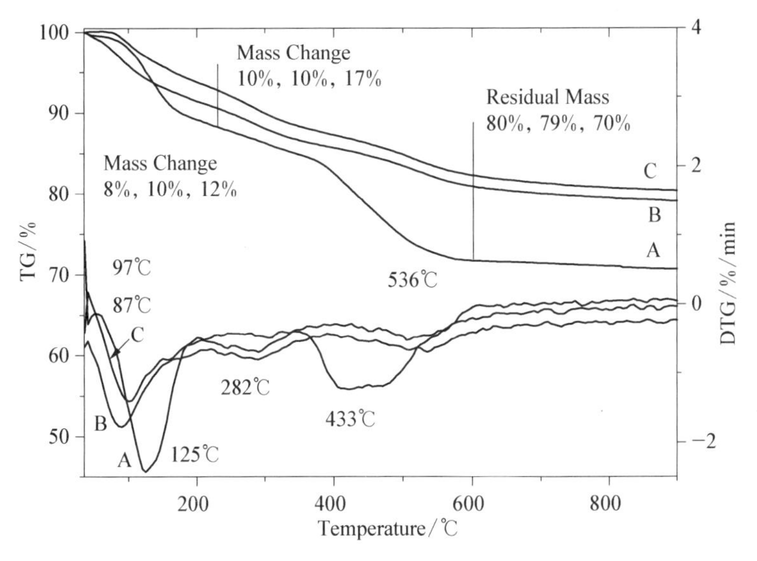

图5－5 不含稀土材料 VPBA－Si，稀土材料 VPBA－Si－Eu 和 VPBA－Si－TSLA－Eu 的 TG－DTG 图

(3) TG 分析

为研究所得的杂化材料的热力学行为，我们采用热重分析对所得材料的热力学稳定性进行了表征。图 5－6 给出了杂化材料 VPBA－Si(A)(基

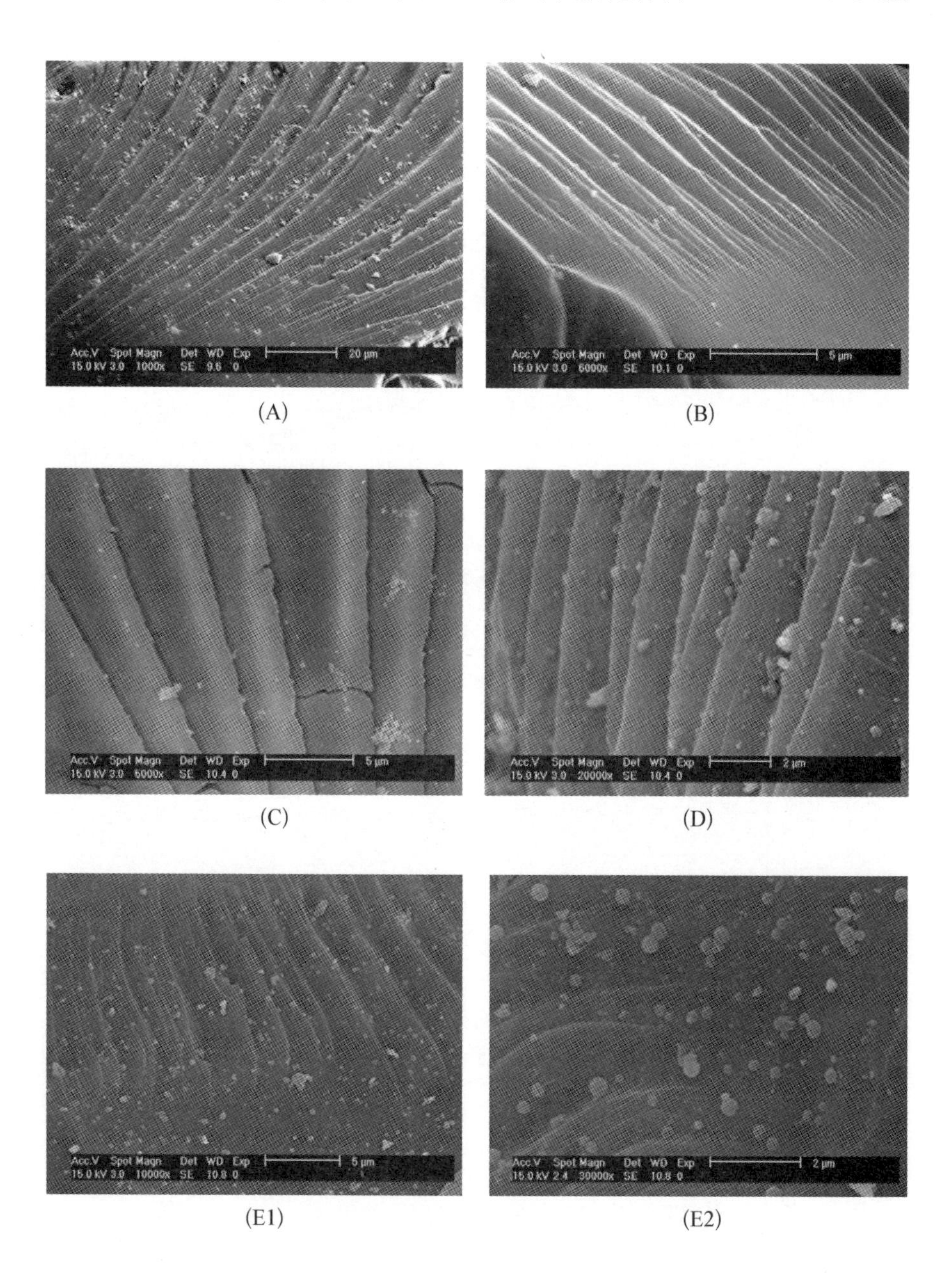

(A) (B)

(C) (D)

(E1) (E2)

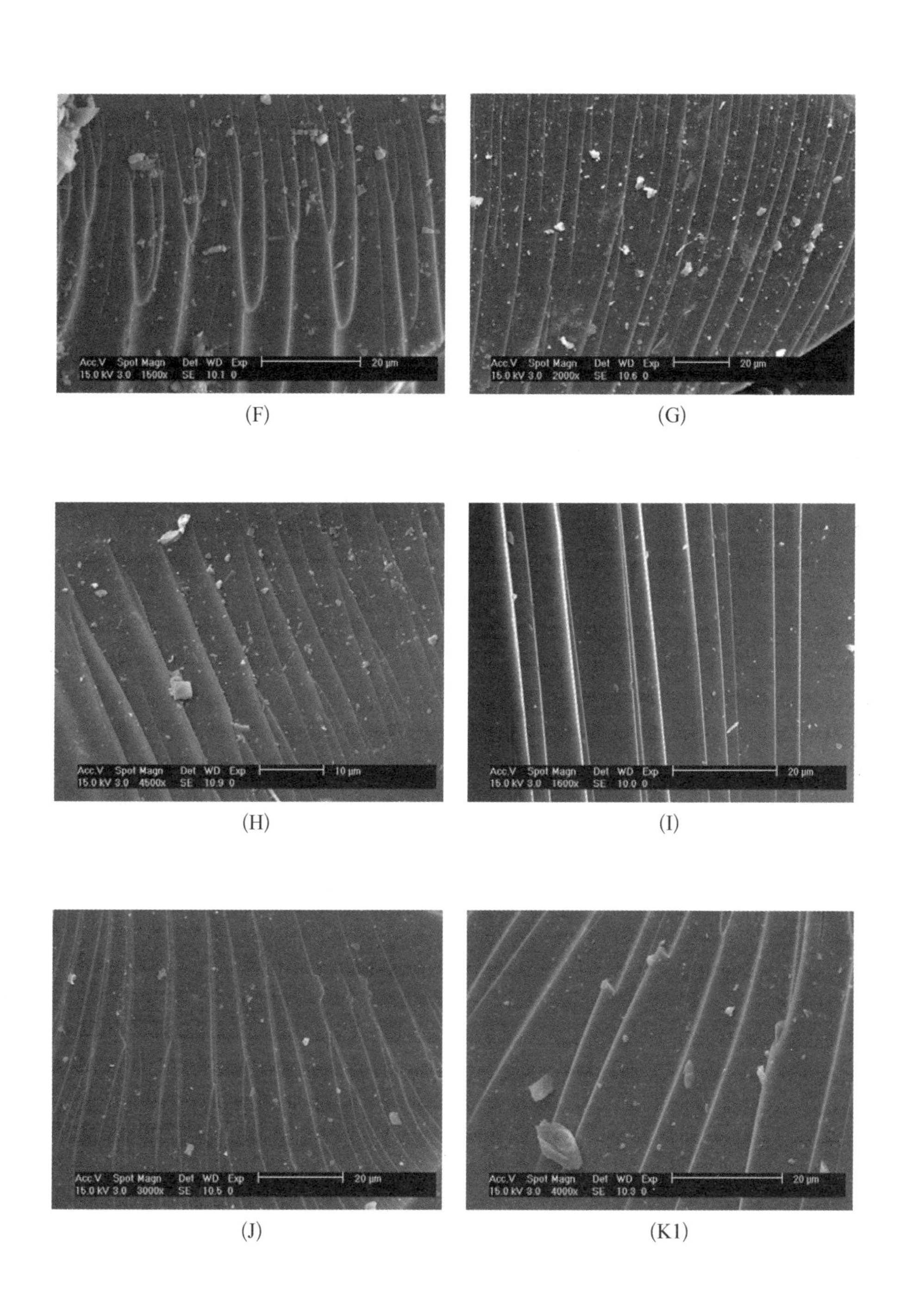
Acc.V Spot Magn Det WD Exp 20 μm
15.0 kV 3.0 1500x SE 10.1 0
Acc.V Spot Magn Det WD Exp 20 μm
15.0 kV 3.0 2000x SE 10.6 0
Acc.V Spot Magn Det WD Exp 10 μm
15.0 kV 3.0 4500x SE 10.9 0
Acc.V Spot Magn Det WD Exp 20 μm
15.0 kV 3.0 1600x SE 10.0 0
Acc.V Spot Magn Det WD Exp 20 μm
15.0 kV 3.0 3000x SE 10.5 0
Acc.V Spot Magn Det WD Exp 20 μm
15.0 kV 3.0 4000x SE 10.3 0

(F)　(G)

(H)　(I)

(J)　(K1)

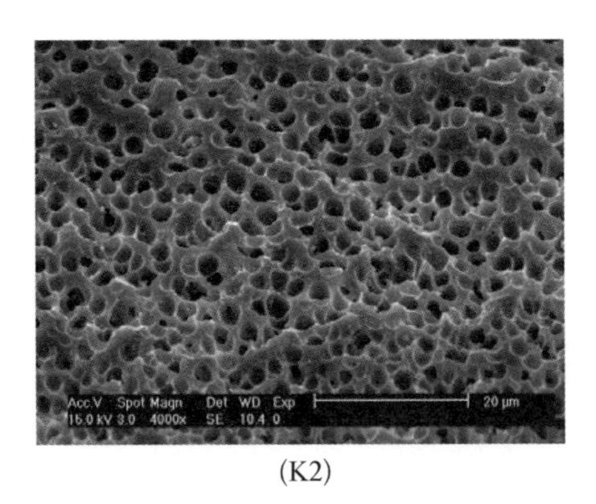

(K2)

图 5-6 杂化材料 VPBA-Si-Eu(A)/Tb(B),VPBA-Si-TSLA-Eu(D)/Tb(E),VPBA-Si-VPHD-Eu(G)/Tb(H),VTMS-Si-TSLA-Eu(J)/Tb(K)和不含稀土离子的杂化材料 VPBA-Si-TSLA(C),VPBA-Si-VPHD(F)和 VTMS-Si-TSLA(I)的 SEM 图

于4-乙烯基苯硼酸桥分子的不含稀土离子的杂化材料,用作和其他杂化材料比较,制备方法与含稀土杂化材料的制备方法相同),稀土杂化材料VPBA-Si-Eu(B)和 VPBA-Si-TSLA-Eu(C)的 TG-DTG 图。从图中看出,曲线 A、B 和 C 第一个失重过程分别出现在 125℃,87℃和 97℃,总过程分别有 8%,10%,12%的失重,源于材料中的残留溶剂 DMF 和水分子的热解,第二个失重过程均从 240℃开始,到 345℃结束,最快失重速率大约在 282℃,源于材料中的桥分子以及聚合物前驱体中有机碳链的断裂。第三个失重过程均从 350℃开始,曲线 A 最快失重速率大约在 433℃,曲线 B 和 C 最快失重速率大约在 536℃,源于材料中的整个杂化材料中有机组分的热解,两者唯一的区别在于 B 材料中的配体只含有基于 4-乙烯基苯硼酸的桥分子,除此之外,C 材料中还含有基于反式-苯乙烯基乙酸聚合物前驱体,说明桥分子与聚合物前驱体各自对最终材料热性能的影响几乎相同,另外 B 和 C 的失重温度均高于不含中心离子的单独桥分子杂化材料 A 的失重温度,说明桥分子、聚合物前驱体与中心离子形成配合物,进一步水解缩聚形成的杂化材料相对于不含中心离子的材料来说,具有较稳定的结

构,较好的耐热性。三种材料在第二和第三失重过程中,总失重分别为10%,10%,17%。当温度达到900℃,曲线A、B和C的残留质量分别为70%,79%,80%,源于材料中无机基质的残留,A材料残留质量最少,B材料和C材料残余质量相近,说明含有中心离子基于配合物基础上的杂化材料具有较好的耐高温性,并且桥分子与聚合物前驱体的不同对材料的热稳定性能影响不大,与上述结论相符。

(3) 扫描电镜

图5-6给出了杂化材料VPBA-Si-Eu(A)/Tb(B),VPBA-Si-TSLA-Eu(D)/Tb(E),VPBA-Si-VPHD-Eu(G)/Tb(H),VTMS-Si-TSLA-Eu(J)/Tb(K)和不含中心离子的杂化材料VPBA-Si-TSLA(C),VPBA-Si-VPHD(F)和VTMS-Si-TSLA(I)的扫描电镜图。从杂化材料的扫描电镜图片中看出,由于无机硅氧网络与有机配体、有机长碳链三者通过偶联剂的水解缩聚作用以及与稀土离子的配位作用连接起来,三者之间存在着共价键或配位键的强作用力,因此无机组分和有机组分之间没有出现两相分离的现象,初步实现了制备以共价键为主要作用力的杂化材料的构想[145,146]。

材料A和B含有基于4-乙烯基苯硼酸桥分子,表面均匀分布着2~5 μm大小的树枝状条纹结构,源于溶胶-凝胶水解共缩聚过程中硅氧网络的存在,另外由于中心稀土离子铕和铽的离子半径不同,两种材料的条纹结构的直径也略有不同。不含中心离子的杂化材料C表面同样分布着较粗的树枝状条纹结构,引入中心离子后,材料D和E的条纹尺寸略微变小,可能由于引入中心离子后,形成了配合物,之后经过水解缩聚形成的共价键合型杂化材料在有限的空间内较拥挤,因此阻碍了条纹结构的继续生长,另外材料E的条纹结构的表面上还均匀分布着直径为500 nm的圆形小球。同样,在不含中心离子F和I表面同样分布着较粗的树枝状条纹结构,引入中心离子后,材料G,H,J和K的条纹尺寸略微变小。在材料K的表面上存在均匀的鸟巢状的微观形貌,孔径大约在 200 nm,我们推测这些鸟巢状的结构是在材料干燥老化处理过程中,有机组分和无机组分的热解系数不同造成了材料的拉伸,以及溶剂的逃逸所形成的。当然,溶胶凝胶是一个比较复杂的过程,其原理还没有被完全认识。其中,温度、pH 值、溶剂、催化剂等都对最终材料的形貌产生较大的影响。我们也正试图探索影响材料形貌的各个因素之间的关系,通过各个条件的调控,以期得到形貌均一规整、发光性能优异的杂化材料,来达到形貌可控的效果。这部分工作还需要进一步研究探索。

(4) X-射线粉末衍射

图 5-7 中我们可以看出,杂化材料整体上都是无定形形态的。所有材料的 X-射线谱图在 $2\theta=23°$附近都表现出一个比较弱的宽峰,这是无定形的硅基材料的一个典型特征[141-143]。由于杂化材料有机配体和长碳链聚合物作为一个分子组分通过共价键和配位键嫁接到无机网络中,从而在 XRD 图中看不出任何的晶体结构的特征峰。从图中可以看出杂化材料体系中

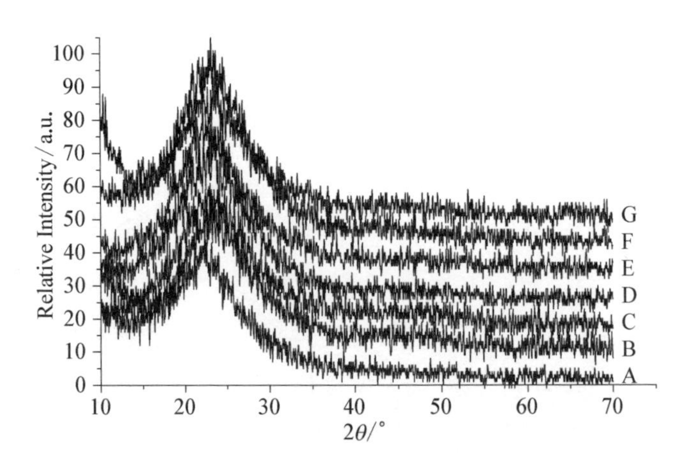

图 5-7 不含稀土的杂化材料 VPBA-Si-TSLA(A),VPBA-Si-VPHD(B)和 VTMS-Si-TSLA(C)和稀土铕杂化材料 VPBA-Si-Eu(D),VPBA-Si-TSLA-Eu(E),VPBA-Si-VPHD-Eu(F),VTMS-Si-TSLA-Eu(G)的 XRD 图

仍残留一些弱的尖锐峰，这可能是由于在溶胶向凝胶转化的过程中局部水解缩聚不均匀产生的一些小的有晶相结构的聚集体的出现。一般说来，具有长碳链的有机聚合物的结构是规则的，但是聚合物的加入并没有改变整个杂化材料中硅氧网络主体骨架的无定形结构，但是对无定形宽峰有了一定的影响，可能是由于有机组分的增多限制无机相晶相结构的产生。

（5）紫外可见漫反射光谱

图5-8给出了不含稀土离子的杂化材料VPBA-Si-TSLA(A)，VPBA-Si-VPHD(B)和VTMS-Si-TSLA(C)和稀土杂化材料VPBAT-TSLA-Eu(D)/Tb(E)，VPBA-Si-VPHD-Eu(F)/Tb(G)，VTMS-Si-TSLA-Eu(H)/Tb(I)的紫外可见漫反射光谱图。所有的杂化材料在240～380 nm区间都出现了一个宽峰，源于有机配体共轭结构的吸收，而且与荧光激发光谱中的激发峰部分重叠(280～350 nm)。曲线H、曲线I与曲线C的峰形和位置相近，因为H和I是基于聚合物前驱体VTMS-Si-

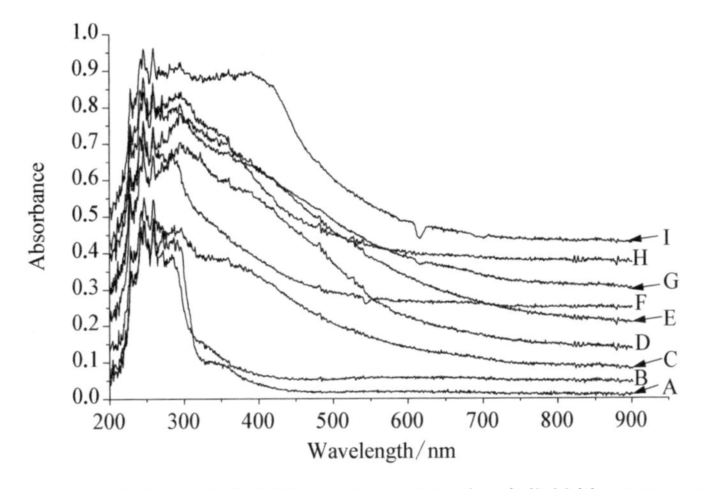

图5-8　不含稀土的杂化材料(同图5-7)和稀土杂化材料VPBA-Si-TSLA-Eu(D)/Tb(E)，VPBA-Si-VPHD-Eu(F)/Tb(G)，VTMS-Si-TSLA-Eu(H)/Tb(I)的紫外可见漫反射图

TSLA制备的杂化材料，而曲线D、E、F和G都是基于4-乙烯基苯硼酸桥分子(VPBA-Si)制备的杂化材料，与同样基于4-乙烯基苯硼酸桥分子制备的不含有中心离子杂化材料A和B的吸收峰位置和峰形有些相似。以上讨论证明了最终杂化材料在紫外可见区域内对能量有较强的吸收以及不同的桥分子和聚合物前驱体结构对紫外可见区域内的吸收峰形及位置有一定的影响。

(6) 荧光光谱

图5-9给出了不含稀土中心离子杂化材料(Ⅰ)、铽杂化材料(Ⅱ)和铕杂化材料(Ⅲ)的激发、发射荧光光谱图(VPBA-Si-TSLA(a)，VPBA-Si-VPHD(b)，VTMS-Si-TSLA(c)，VPBA-Si-RE(A)，VPBA-Si-TSLA-RE(B)，VPBA-Si-VPHD-RE(C)和VTMS-Si-TSLA-RE(D))。图Ⅰ中，激发光谱是通过检测配体在463 nm处的发射强度随激发波长的变化而测定的，杂化材料均在285和352 nm处出现宽吸收峰，主要源于有机配体共轭结构以及无机硅氧网络机制的吸收，发射光谱图以最大吸收的285 nm作为激发光波长，得到了位于466 nm的无机机制硅氧网络的发射峰。

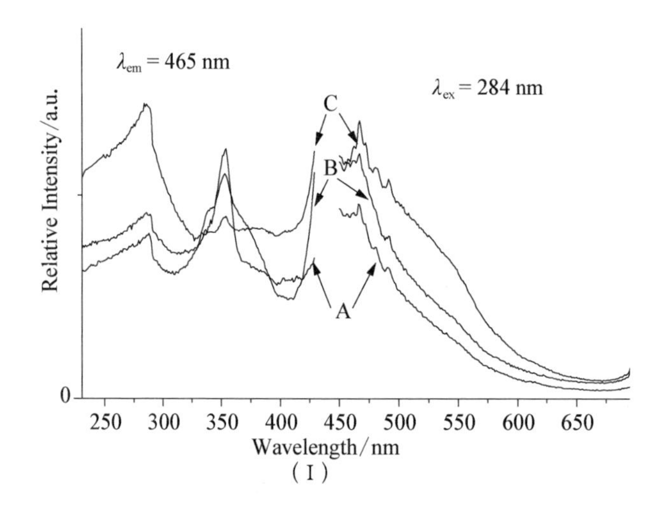

(Ⅰ)

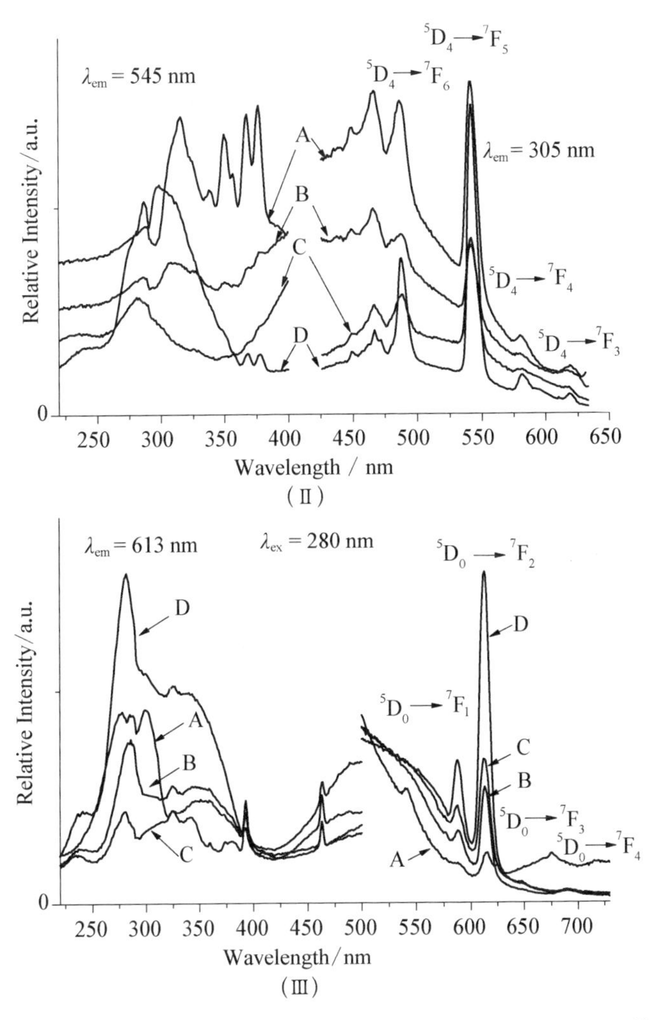

图 5-9　不含稀土杂化材料(Ⅰ)、铽杂化材料(Ⅱ)和铕杂化材料(Ⅲ)的激发、发射荧光光谱图(VPBA-Si-TSLA(a),VPBA-Si-VPHD(b),VTMS-Si-TSLA(c),VPBA-Si-RE(A),VPBA-Si-TSLA-RE(B),VPBA-Si-VPHD-RE(C)和 VTMS-Si-TSLA-RE(D))

图Ⅱ中,激发光谱是通过检测配体在 545 nm 处的发射强度随激发波长的变化而测定的,杂化材料均在 284～310 nm 这个范围内出现宽吸收峰,主要源于有机配体共轭结构以及无机硅氧网络机制的吸收,发射光谱图以最大吸收的 305 nm 作为激发光波长,得到了位于 490 nm,540 nm,

581 nm和619 nm处的铽铕离子的$^5D_4 \rightarrow {}^7F_J$ ($J=6, 5, 4, 3$)锐线特征发射峰,同样观测到了位于466 nm处的无机基质的发射峰。材料B和D中,位于543 nm的绿光发射峰的相对强度较大,材料A和C的发射光谱有较高的基线,而且绿光发射峰相对强度偏低,说明这两个材料中,有机配体和铽离子之间的能量传递效率偏低。材料D是基于反式-苯乙烯基乙酸聚合物前驱体VTMS-Si-TSLA的杂化材料,相对于材料B(基于4-乙烯基苯硼酸桥分子VPBA-Si的杂化材料),荧光色纯度较好,可能是因为材料B依次通过羟基修饰、自由基加聚、配位以及水解缩聚等反应,较多的合成步骤使得材料的纯度下降从而导致光性能的降低。

图Ⅲ中,激发光谱是通过检测Eu^{3+}在613 nm处的发射强度随激发波长的变化而测定的,杂化材料均在280 nm和340 nm处出现强的宽吸收峰,源于有机配体共轭结构的吸收,而在393 nm和463 nm处的出现了强的锐线吸收峰,源于稀土铕离子的f-f电子跃迁。发射光谱图以最大吸收的280 nm作为激发光波长,均得到了位于588 nm,612 nm,646 nm和692 nm处的铕离子的$^5D_0 \rightarrow {}^7F_J$ ($J=1, 2, 3, 4$)锐线特征发射峰,位于612 nm的红光发射峰的相对强度较大,另外材料A中的$^5D_0 \rightarrow {}^7F_{3,4}$跃迁位于674 nm和718 nm处,可能是由于材料A是仅仅基于4-乙烯基苯硼酸桥分子合成的杂化材料,材料B,C和D又在此基础上引入了其他的配位基团或者有共轭结构的有机基团,因此这些有机组分在能量吸收和传递以及配位过程中起着一定的作用,因此影响了最终材料的荧光性能。图中可以看出,材料都具有较高的基线,源于无机硅氧网络基质的发射,所以整个体系的能量传递效率不高,发射光谱偏离基线较大。位于612 nm处的$^5D_0 \rightarrow {}^7F_2$发射峰属于电偶极跃迁,荧光强度大于位于589 nm处的$^5D_0 \rightarrow {}^7F_1$磁偶极跃迁,说明中心铕离子周围的化学环境对称性较低,铕离子处于偏离反演对称中心的位置上[147]。根据分子内能量传递机制所述,分子内能量传递效率主要取决于两个过程:Dexter提出的能量传递理论-能量从配体三线态能级传至稀土离子激发态能级的过程和热去活化过程。这两个过程的传递效率都受配体三线态能级与稀土离子激发态能级差影响，因此在配体三线态能级与稀土离子激发态能级间存在一个合适的能级差范围。稀土 Tb^{3+} 和 Eu^{3+} 的 $^5D_0$ 能级分别为 20 430 cm^{-1} 和 17 250 cm^{-1}，聚合物前驱体 VTMS - Si - TSLA 与 Eu^{3+} 之间的能级较与 Tb^{3+} 匹配，分子内传能效率较高，而且由于其简单的合成步骤以及羧基基团充当配位基团，材料 D 的荧光性能较其他材料都有所改善。

（7）荧光寿命与量子效率

为了更加深入地研究杂化体系的荧光效率，我们选取铕离子体系，测定了其 $^5D_0$ 激发态的荧光寿命，并依据铕离子荧光发射谱图和荧光寿命数据计算了铕离子的 $^5D_0$ 激发态的量子效率[148-154]。发光材料的量子效率主要有两个影响因素，一个是荧光寿命，另一个是 I_{02}/I_{01} 的值，即红橙比。如果荧光寿命长，同时红橙比又比较大的话，材料的量子效率就相对较高。

表 5 - 1 给出了杂化材料 VPBA - Si - Eu(A)，VPBA - Si - TSLA - Eu (B)，VPBA - Si - VPHD - Eu(C)和 VTMS - Si - TSLA - Eu(D)的荧光寿命和量子效率的数据。整体来看，杂化材料 VPBA - Si - Eu 和 VPBA -Si - TSLA - RE 的红橙比 I_{02}/I_{01} 分别为 8.15 和 7.40，几乎是材料 VPBA - Si - VPHD - Eu 和 VTMS - Si - TSLA - Eu 的两倍，说明基于 4 -乙烯基苯硼酸的杂化材料的色纯度比较高，但是其荧光强度却远低于基于反式-苯乙烯基乙酸的杂化材料。材料 VPBA - Si - Eu 仅有 4 -乙烯基苯硼酸作为配体，是通过一种单体加聚合成的长碳链杂化材料，其荧光寿命较低，当引入其他单体共同参与加聚反应和配位反应时，材料的寿命有所提高，特别是含有反式-苯乙烯基乙酸这种配体存在的时候，荧光寿命最高，从而得到的量子效率较高。可能由于当反式-苯乙烯基乙酸这种配体存在时，羧酸基团与中心稀土离子进行配位，由于其距离或者位阻效应，其配位稳定程度

要大于桥分子 VPBA－Si 中的羰基配位，从而更大程度上取代了配位水分子，限制了羟基伸缩振动引起的荧光猝灭效应。非辐射跃迁系数 A_{nr} 的数值表明，含有反式-苯乙烯基乙酸配体 TSLA 的材料，A_{nr} 的数值明显低于不含有这种配体的杂化材料，同样证明了羧基基团配位的稳定程度高于羰基基团。另外，材料 VTMS－Si－TSLA－Eu(D)的荧光寿命和量子效率在四种杂化材料中最高，可能是由于材料仅仅是通过自由基加聚和水解缩聚反应形成的，没有涉及羟基修饰有机配体形成桥分子这一过程，从而减少了引入杂质的概率，保证了材料的纯度，因此将杂质引起的能量损失降到了最低点，其非辐射跃迁系数在四种杂化材料中最小。因此，配位基团，反应步骤，以及聚合物的形式(单聚或者共聚)都会对最终材料的荧光性能有一定的影响。

表 5－1　杂化材料 VPBA－Si－Eu(A)，VPBA－Si－TSLA－Eu(B)，VPBA－Si－VPHD－Eu(C)和 VTMS－Si－TSLA－Eu(D)的荧光寿命和量子效率的数据

Hybrids	VPBA－Si－RE	VPBA－Si－TSLA－RE	VPBA－Si－VPHD－RE	VTMS－Si－TSLA－RE
I_{02}/I_{01}	8.15	7.40	4.83	5.23
A_{01}/s^{-1}	50.00	50.00	50.00	50.00
A_{02}/s^{-1}	425.98	385.88	251.33	272.76
A_{rad}/s^{-1}	1 215.99	473.77	306.53	327.84
$\tau/(ms)$	0.07	0.19	0.17	0.87
$1/\tau/s^{-1}$	15.27	5.31	5.88	1.16
A_{nrad}/s^{-1}	14 051.19	4 839.73	5 572.36	827.96
$\eta/(\%)$	7.96	8.92	5.21	28.36
$\Omega_2/(10^{-20}\ cm^2)$	12.35	11.18	7.28	7.91
$\Omega_4/(10^{-20}\ cm^2)$	3.37	2.15	0.16	0.26

5.3 本章小结

1. 选择了单体4-乙烯基苯硼酸，利用三乙氧基硅基异腈酸丙酯对其进行改性，继又选取单体N-乙烯基苯邻二甲酰亚胺和反式-苯乙烯基乙酸，通过自由基加聚合成了一系列桥分子，进一步通过配位和水解缩聚反应制备了发光性能良好的含有稀土铕(发红光)、稀土铽(发绿光)的杂化发光体系，均表现出规则的树枝状、圆球状和鸟巢状的微观形貌，以及较好的荧光性能和热稳定性。

2. 通过原料的选择，简化了杂化材料的合成步骤，选择了反式-苯乙烯基乙酸和乙烯基三甲氧基硅烷两种带有不饱和键的有机试剂，不再需要通过羟基改性反应制备桥分子，仅通过简单的自由基加成反应和水解缩聚反应直接制备杂化材料，使长碳链、配合物、硅氧网络同样利用共价键和配位键结合在同一个基元中。

3. 通过对所制备的杂化材料的光致发光机理研究，发现基于4-乙烯基苯硼酸杂化材料比基于反式-苯乙烯基乙酸材料的荧光性能较差，原因推断为，羧基基团配位的稳定性强，降低了水分子羟基振动的荧光猝灭效应，以及简单的制备工艺保证了材料的纯度，减少了杂质的引入。

第6章 结论

本书在研究课题组以往工作的基础上，基于有机高分子的优良特性，将长碳链聚合物引入到杂化材料体系中，对多元稀土/无机/有机/高分子杂化发光材料的设计和合成工作进行了初步的探索，将长碳链聚合物、配合物和硅氧网络三者以共价键和配位键的作用力同时构筑于一个基元中，并分析研究了最终材料的微观形貌、热稳定性和发光性能等多方面性能，尤其是光性能。研究工作主要包括有机配体和带官能团聚合物的选择，改性桥分子的设计与组装、聚合物前驱体的引入方式，稀土二元及三元杂化发光体系的构筑、材料的性质测定以及光致发光机理的分析。具体来讲，主要有以下几个方面：

1. 成功地选择了芳香羧酸类、氮杂环羧酸类、β-二酮类、大环杯[4]芳烃衍生物等有机配体加以修饰，制备了一系列的桥分子，继又选择了带有不同基团的聚合物(聚甲基丙烯酸/甲酯，聚乙烯基吡咯烷酮/吡啶，聚甲基丙烯酸-丙烯酰胺)，利用中心离子的锚定作用，通过配位形式将聚合物引入，制备了发光性能良好的含有稀土铕、铽、钕以及过渡系金属锌的二元和三元稀土杂化发光体系，均表现出规则的棒状、针状、长方体状，胡须状、中空圆盘、三维圆球等微观形貌，以及较好的荧光性能和热稳定性。

2. 成功地选择了噻吩甲酰三氟丙酮、2-羟基-3-甲基-苯甲酸配体以及含有可修饰官能团的不同长碳链的聚合物(乙二醇、一缩乙二醇和聚乙二醇)加以修饰,制备了桥分子以及不同链长的聚合物前驱体,通过有机硅基团的水解和聚合反应,将不同链长的聚合物前驱体引入,制备了发光性能良好的含有稀土铕(发红光)、稀土铽(发绿光)的二元和三元稀土杂化发光体系,均表现出规则的树枝状、颗粒状和三维圆球状的微观形貌、较好的荧光性能和热稳定性。

3. 选择了单体4-乙烯基苯硼酸加以修饰,同时选取带其他单体N-乙烯基苯邻二甲酰亚胺和反式-苯乙烯基乙酸,通过自由基加聚合成了一系列含碳链的桥分子,进而制备了发光性能良好的含有稀土铕、铽的杂化发光体系。

4. 采取了三种反应路线,将有机长碳链聚合物引入杂化材料,通过对光致发光机理和微观形貌的分析发现,引入长碳链聚合物制备的三元杂化材料的荧光性能与二元杂化材料或者单纯稀土配合物相比,均有改善,三元杂化材料的热稳定性能与二元材料相近,通过水解缩聚方式引入聚合物对最终杂化材料的微观形貌影响最大。

5. 通过有目的的对原材料进行选择,对杂化材料的合成步骤进行简化。选择了反式-苯乙烯基乙酸和乙烯基三甲氧基硅烷,仅通过简单的自由基加成反应和水解缩聚反应直接制备杂化材料,材料均表现出规则的条纹状和鸟巢状等微观形貌、较好的荧光性能和热稳定性。结果证明,简单的制备工艺保证了材料的纯度,减少了杂质的引入,材料的荧光性能较好。

6. 通过对所制备的发光杂化材料的结构和光致发光机理研究,表明了引入不同空间构型的聚合物,对材料的荧光性能和微观形貌都有一定的影响。具体表现为:具有相同种类官能团的聚合物,其侧链上的具体的配位基团不同,对荧光性能的改善程度不同(配位稳定程度羧基(羰基)>氮原子);聚合物空间构型的不同,对微观形貌的影响程度不同(空间位阻较小者>空间位阻较大者);种类不同的单聚物和共聚物,即使具有相同的单体，对荧光性能和微观形貌的改善程度也不同（单聚物>共聚物）；具有相同空间构型，相同的官能团，相同的修饰方式的聚合物由于其碳链的长短不同，对最终材料的荧光性能和微观形貌的影响程度也不同。

总之，分子层面上的无机/有机杂化材料由于有效地限制了团聚的生长及两相界面的产生，提升了活性组分的浓度以及材料的透明特性，目前引起了广泛的研究兴趣。这类材料在激光材料、光致变色材料、二阶非线性光学响应材料、电致发光发射层和杂化液晶等诸多方面具有潜在的应用价值。这类材料的研究还处于刚刚起步阶段，还有很多的理论研究需要更深入的进行。另外，由于无机/有机/高分子杂化材料不易溶于一般的有机溶剂，对前驱体以及杂化材料的进一步纯化和表征带来了一定的难度；其次，由于最终材料是无定形结构，因此精确的内部结构的表征手段到目前为止仍是一个难点，今后需在大量的实验基础上，通过新的设计思路以及制备工艺的改进给予解决。

参考文献

[1] 孙家跃,杜海燕,胡文祥. 固体发光材料[M]. 北京：化学工业出版社,2003.

[2] 徐光宪. 稀土[M]. 2 版. 北京：冶金工业出版社,1995.

[3] Cornelius C, Hibshman C, Marand E. Hybrid organic-inorganic membranes. Separation and Purification Technology [J]. 2001, 25 (1 - 3): 181 - 193.

[4] Avnir D, Levy D, Reisfeld R. The nature of the silica cage as reflected by spectral changes and enhanced photostability of trapped rhodamine 6G [J]. The Journal of Physical Chemistry B, 1984, 88 (24): 5956 - 5959.

[5] 李旭华,袁荞龙,王得宁,等. 杂化材料的制备、性能及应用. 功能高分子学报[J], 2000,13(2)：211 - 218.

[6] Sanchez C, Soler-Illia G, Ribot F, et al. Designed hybrid organic-inorganic nanocomposites from functional anobuilding blocks [J]. Chemistry of Materials, 2001, 13 (10): 3061 - 3083.

[7] Dubois G, Volksen W, Magbitang T, et al. Superior mechanical properties of dense and porous organic/inorganic hybrid thin films [J]. Journal of Sol-Gel Science and Technology, 2008, 48 (1 - 2): 187 - 193.

[8] Koshimizu M, Kitajima H, Iwai T, et al. Organic-inorganic hybrid scintillator for neutron detection fabricated by sol-gel Method [J]. Japanese Journal of Applied Physics, 2008, 47 (7): 5717 - 5719.

[9] Dire S, Tagliazucca V, Brusatin G, et al. Hybrid organic/inorganic materials for photonic applications via assembling of nanostructured molecular units [J]. Journal of Sol-Gel Science and Technology, 2008, 48 (1-2): 217-223.

[10] Latella B A, Gan B K, Barbe C J, et al. Nanoindentation hardness, Young's modulus, and creep behavior of organic-inorganic silica-based sol-gel thin films on copper [J]. Journal of Materials Research, 2008, 23 (9): 2357-2365.

[11] Su H W, Chen W C. Photosensitive high-refractive-index poly (acrylic acid)-graft-poly (ethylene glycol methacrylate) nanocrystalline titania hybrid films [J]. Macromolecular Chemistry and Physics, 2008, 209 (17): 1778-1786.

[12] Wu Y H, Wu C M, Xu T W, et al. Novel anion-exchange organic-inorganic hybrid membranes prepared through sol-gel reaction of multi-alkoxy precursors [J]. Journal of Membrane Science, 2009, 329 (1-2): 236-245.

[13] 吴壁耀，张超灿，章文贡. 有机-无机杂化材料及其应用[M]. 北京：化学工业出版社，2005.

[14] 罗曼罗，桑切斯编著. 功能杂化材料[M]. 张学军，迟伟东译. 北京：化学工业出版社，2005.

[15] Sanchez C, Ribot F. Design of hybrid organic-inorganic materials synthesized via sol-gel chemistry [J]. New Journal Chemistry, 1994, 18 (10): 1007-1047.

[16] Judeinstein P, Sanchez C. Hybrid organic-inorganic materials: a land of multidisciplinarity [J]. Journal of Materials Chemistry, 1996, 6 (4): 511-525.

[17] 刘镇，吴庆银，钟芳锐. 无机-有机杂化材料的研究进展[J]. 石油化工，2008，37 (7)：649-655.

[18] Usuki A, Kojoma Y, Kawasumi M. Synthesis and characterization of nylon 6-clay hybrid [J]. Polymer Preprints, 1987, 28: 447-448.

[19] 冯守华. 无机固体功能材料的水热合成化学[J]. 化学通报，2007，70 (1)：2-7.

[20] 徐如人，庞文琴. 无机合成与制备化学[M]. 北京：高等教育出版社，2001：128-145.

[21] 柳利，张刚昇，柳士忠，等. 有机金属聚合物/多酸纳米杂化 LB 膜的制备与光电

性质研究[J]. 化学学报,2005,63 (24): 2194 - 2198.

[22] Jiang M, Zhai X D, Liu M H. Hybrid molecular films of gemini amphiphiles and keggin-type polyoxometalates: effect of the spacer length on the electrochemical properties [J]. Journal of Materials Chemistry, 2007, 17 (2): 193 - 200.

[23] Yoshida W, Castro R P, Jou J D, et al. Multilayer alkoxysilane silylation of oxide surfaces [J]. Langmuir, 2001, 17 (19): 5882 - 5888.

[24] Li J, Josowicz M. Synthesis and characterization of electropolymerized poly (cyclophosphazene-benzoquinone) [J]. Chemistry Materials, 1997, 9 (6): 1451 - 1462.

[25] Kulesza P J, Miecznikowski K, Malik M A, et al. Electrochemical preparation and characterization of hybrid films composed of prussian blue type metal hexacyanoferrate and conducting polymer [J]. Electrochimica Acta, 2001, 46 (26 - 27): 4065 - 4073.

[26] Ansell M A, Zeppenfeld A C, Yoshimoto K, et al. Self-assembled cobalt-diisocyanobenzene multilayer thin films [J]. Chemistry of Materials, 1996, 8 (3): 591 - 594.

[27] Aliev F G, Correa-Duarte M A, Mamedov A, et al. Layer-by-layer assembly of core-shell magnetite nanoparticles: effect of silica coating on interparticle interactions and magnetic properties [J]. Advanced Materials, 1999, 11 (12): 1006 - 1010.

[28] Levy D, Einhorn S, Avnir D. Applications of the sol-gel process for the preparation of photochromic information-recording materials: synthesis, properties, mechanisms [J]. Journal of Non-Crystalline Solids, 1989, 113 (2 - 3): 137 - 145.

[29] Schubert U, Husing N, Lorenz A. Hybrid Inorganic-organic materials by sol-gel processing of organofunctional metal alkoxides [J]. Chemistry of Materials, 1995, 7 (11): 2010 - 2027.

[30] Levy D, Avnir D. Effects of the changes in the properties of silica cage along the

gel/xerogel transition on the photochromic behavior of trapped spiropyrans [J]. Journal Physical Chemistry 1988, 92 (16): 4734 - 4738.

[31] Sanchez C, Ribot F, Lebeau B. Molecular design of hybrid organic-inorganic nanocomposites synthesized via sol-gel chemistry [J]. Journal of Materials Chemistry, 1999, 9 (1): 35 - 44.

[32] 滕立东,李霞. 溶胶-凝胶光学材料研究进展[J]. 硅酸盐通报,1995,14 (6): 41 - 45.

[33] 张洪杰,符连社,林君. 稀土/高分子杂化发光材料的研究[J]. 发光学报,2002, 23 (3): 228 - 232.

[34] Qian G, Wang M, Wang M, et al. Synthesis in situ of 2,2′-dipyridyl-Tb (Ⅲ) complexes in silica gel [J]. Journal of Materials Science Letters, 1997, 16 (4): 322 - 323.

[35] Fu L, Meng Q, Zhang H, et al. In-situ synthesis of terbium-benzoic acid complex in sol-gel derived silica by a two-step sol-gel method [J]. The Journal of Physics and Chemistry of Solids, 2000, 61 (11): 1877 - 1881.

[36] Koslova N I, Viana B, Sanchez C. Rare-earth-doped hybrid siloxane-oxide coatings with luminescent properties [J]. Journal of Materials Chemistry, 1993, 3 (1): 111 - 112.

[37] Brinker J, Lu Y, Sellinger A, et al. Evaporation-induced self-assembly: nanostructures made easy [J]. Advanced Materials, 1999, 11 (7): 579 - 585.

[38] Mann S, Ozin Q A. Synthesis of inorganic materials with complex form [J]. Nature, 1996, 383 (6589): 312 - 318.

[39] Laget V, Hornick C, Rabu P, et al. Multilayered ferromagnets based on hybrid organic-inorganic derivatives [J]. Advanced Materials, 1998, 10 (13): 1024 - 1028.

[40] Ribot F, Sanchez C. Organically functionalized metallic oxo-clusters: structurally well-defined nanobuilding blocks for the design of hybrid organic-inorganic materials [J]. Comments in Inorganic Chemistry, 1999, 20 (4 - 6):

327－371.

[41] 徐炽焕.无机-有机杂化材料的制备及商品化[J].化工新型材料,2001,29(9):26－29.

[42] Sanchez C, Lebeau B. Design and properties of hybrid organic-inorganic nanocomposites for photonics [J]. Mrs Bulletin, 2001, 26 (5): 377－387.

[43] Keeling-Tucker T, Brennan J D. Fluorescent probes as reporters on the local structure and dynamics in sol-gel-derived nanocomposite materials [J]. Chemistry of Materials, 2001, 13 (10): 3331－3350.

[44] De Morais T D, Chaput F, Lahlil K, et al. Hybrid organic-inorganic light-emitting diodes [J]. Advanced Materials, 1999, 11 (2): 107－112.

[45] Nakao R, Ueda N, Abe Y S, et al. Polymeric siloxanes with a substituent and the spirobenzopyran moiety: effect of polar substituent on the photochromic properties [J]. Polymer Advanced Technology, 1996, 7 (11): 863－866.

[46] De Morais T D, Chaput F, Boilot J P, et al. Hole mobilities in sol-gel materials [J]. Advanced Materials for Optics and Electronics, 2000, 10 (2): 69－79.

[47] Biteau J, Chaput F, Lahlil K, et al. Large and stable refractive index change in photochromic hybrid materials [J]. Chemistry of Materials, 1998, 10 (7): 1945－1950.

[48] Innocenzi P, Brusatin G. Fullerene-based organic-inorganic nanocomposites and their applications [J]. Chemistry of Materials, 2001, 13 (10): 3126－3139.

[49] Colvin V L, Schlamp M C, Alivisatos A P. Light-emitting-diodes made from cadmium selenide nanocrystals and a semiconducting polymer [J]. Nature, 1994, 370 (6488): 354－357.

[50] Sanchez C, Lebeau B, Chaput F, et al. Optical properties of functional hybrid organic-inorganic nanocomposites [J]. Advanced Materials, 2003, 15 (23): 1969－1994.

[51] Wu Q Y, Xie X F. Preparation, characterization and properties of polypyrrole van adotungstogerm an ic triheteropoly acid hybrid material [J]. Materials

Chemistry and Physics, 2003, 77 (3): 621 - 624.

[52] Wu Q Y, Zhao S L, Wang J M, et al. Preparation and conductivity of tungstovanadogermanic heteropoly acid polyethyleneglycol (PEG) hybrid material [J]. Journal of Solid State Electrochemistry, 2007, 1 (2): 240 - 243.

[53] Cui Y L, Mao J W, Wu Q Y. Preparation and conductivity of polyvinyl alcohol (PVA) films composited with molybdotungstovan adogerm anic heteropoly acid [J]. Materials Chemistry and Physics, 2004, 85 (2 - 3): 416 - 419.

[54] Zhao S L, Wu Q Y, Liu Z W. Preparation and conductivity of organic undecatungstochrom oindic heteropoly acid hybridmaterials [J]. Polymer Bulletin, 2006, 56 (2 - 3): 95 - 99.

[55] Cui Y L, Wu Q Y, Mao J W. Preparation and conductivity of polypyrrolem olybdotungstovan adogermanic heteropoly acid hybrid material [J]. Materials Letters, 2004, 58 (19): 2354 - 2356.

[56] Wu Q Y, Sang X G, Deng L J, et al. Preparation and conductivity of decatungstomolybdovanadogermanic acid polyethylene glycol (PEG) hybrid material [J]. Journal of Materials Science, 2005, 40 (7): 1771 - 1772.

[57] 陈洪存,臧国忠,王矜奉. (Nb,Mg,Al)多元掺杂对 ZnO 压敏材料电学性质的影响[J]. 电子元件与材料,2004,23 (10): 27 - 29.

[58] Choy J H, Kwark S Y, Park J S, et al. Intercalative nanohybrids of nucleoside monophosphates and DNA in layered metal hydroxide [J]. Journal of American Chemical Society, 1999, 121 (6): 1399 - 1400.

[59] Choy J H, Kwark S Y, Jeong Y J, et al. Inorganic layered double hydroxides as nonviral vectors [J]. Angewandte Chemie International Edition, 2000, 39 (22): 4042 - 4045.

[60] Lindner E, Jager A, Auer F, et al. Catalytic studies on sol-gel processed (ether phosphine) ruthenium (Ⅱ) complexes with different spacer lengths and different polysiloxane matrices [J]. Journal of molecular catalysis A: Chemical, 1998, 129 (1): 91 - 95.

[61] Fache E, Mercier C, Pagnier N, et al. Selective hydrogenation of α, β-unsaturated aldehydes catalyzed by supported aqueous-phase catalysts and supported homogeneous catalysts [J]. Journal of Molecular Catalysis, 1993, 79 (1-3): 117-131.

[62] Lindner E, Salesch T, Hoehn F, et al. Hydroformylation of 1-hexene in interphases-the influence of different kinds of inorganic-organic hybrid co-condensation agents on the catalytic activity [J]. Journal of Organometallic Chemistry, 2002, 641 (1): 165-172.

[63] D Cauzzi Costa M, Gonsalvi L, et al. Anchoring rhodium (I) on thiourea-functionalized silica xerogels and silsesquioxanes Part II matrix effects on the selectivity in the hydroformylation of styrene [J]. Journal of Organometallic Chemistry, 1997, 541 (1): 377-389.

[64] 陈金媛,高鹏飞. 磁性纳米 TiO_2/Fe_3O_4 复合材料的制备及光催化降解性能 [J]. 浙江工业大学学报,2005,33(1): 78-82.

[65] Weissman S I. Intramolecular energy transfer the fluorescence of complexes of europium [J]. The Journal of Chemical Physics, 1942, 10 (4): 214-217.

[66] Stites J G, McCarty C N, Quill L L. The rare earth metals and their compounds. VIII. An improved method for the synthesis of some rare earth acetylacetonates [J]. Journal of American Chemical Society, 1948, 70 (9): 3142-3143.

[67] Crosby G A, Whan R E, Alire R M. Intramolecular energy transfer in rare earth chelates: role of the triplet state [J]. The Journal of Chemical Physics, 1961, 34 (3): 743-748.

[68] Melby L R, Rose N J, Abramson E, et al. Synthesis and fluorescence of some trivalent lanthanide complexes [J]. Journal of American Chemical Society, 1964, 86 (23): 5117-5125.

[69] Huffman E H. Stimulated optical emission of a terbium ion chelate in a vinylic resin matrix [J]. Nature, 1963, 200 (4902): 158-159.

[70] Sato S, Wada M. Relations Between intramolecular energy transfer efficiencies and triplet state energies in rare earth β-diketone chelates [J]. Bulletin of the Chemical Society of Japan, 1970, 43 (7): 1955 - 1962.

[71] Richardson F S. Terbium (III) and europium (III) ions as luminescent probes and stains for biomolecular systems [J]. Chemical Reviews, 1982, 82 (5): 541 - 552.

[72] Lebeau B, Fowler C E, Hall S R. Transparent thin films and monoliths prepared from dye-functionalized ordered silica mesostructures [J]. Journal of Materials Chemistry, 1999, 9 (10): 2279 - 2281.

[73] Innocenzi P, Kozuka H, Yoko T J. Fluorescence properties of the $Ru(bpy)_3^{2+}$ complex incorporated in sol-gel-derived silica coating films [J]. The Journal of Physical Chemistry B, 1997, 101 (13): 2285 - 2291.

[74] Maruszewski K, Andrzejewski D, Strke W. Thermal sensor based on luminescence of $Ru(bpy)_3^{2+}$ entrapped in sol-gel glasses [J]. Journal of Luminescence, 1997, 72 - 74: 226 - 228.

[75] 江祖成,蔡汝秀,张华山.稀土元素分析化学[M].2版.北京:科学出版社,2000.

[76] Cao H, Gao X C, Huang C, H, et al. Effect of electric field strength on the electroluminnescence spectra of a blue-emmiting device [J]. Synthetic Metals, 1998, 96 (3): 191 - 195.

[77] Li W L, Yu J Q, Sun G, et al. Organic electroluminescent devices using terbium chelates as the emitting layers [J]. Synthetic Metals, 1997, 91 (1 - 3): 263 - 266.

[78] 黄春晖.稀土配位化学[M].北京:科学出版社,1997.

[79] Dexter D L. A theory of sensitized luminescence in solids [J]. The Journal of Chemical Physics, 1953, 21: 836 - 850.

[80] Mathews L R, Knobbe E T. Luminescence behavior of europium complexes in sol-gel derived host materials [J]. Chemistry of Materials, 1993, 5 (12): 1697 - 1700.

[81] Serra O A, Nassar E J, Rosa I L V. Tb^{3+} molecular photonic devices supported on silica gel and functionalized silica gel [J]. Journal of Luminescence, 1997, 72-74: 263-265.

[82] Klonkowski A M, Lis S, Pietraszkiewiczl M. Luminescence properties of materials with Eu (III) complexes: role of ligand, coligand, anion, and matrix [J]. Chemistry of Materials, 2003, 15 (3): 656-663.

[83] Li H, Inoue S, Machida K, et al. Preparation and luminescence properties of inorganic-organic hybrid materials doped with lanthanide (III) complexes [J]. Journal of Luminescence, 2000, 87-89: 1069-1072.

[84] Strek W, Sokolnicki J, Legendziewicz J. Optical properties of Eu (III) chelates trapped in silica gel glasses [J]. Optical Materials, 1999, 13 (1): 41-48.

[85] Fu L S, Xu Q H, Zhang H J, et al. Preparation and luminescence properties of the mesoporous MCM-41 intercalated with rare earth complex [J]. Materials Science and Engineering: B-Solid, 2002, 88 (1): 68-72.

[86] Fu L S, Zhang H J, Boutinaud P. Preparation, characterization and luminescent properties of MCM-41 type materials impregnated with rare earth complex [J]. Journal Materials Science and Technology, 2001, 17 (3): 293-298.

[87] Meng Q G, Boutinaud P, Franville A C, et al. Preparation and characterization of luminescent cubic Mcm-48 impregnated with an Eu^{3+} beta-diketonate complex [J]. Microporous and Mesoporous Materials, 2003, 65 (2-3): 127-136.

[88] Meng Q G, Fu L S, Lin J, et al. Preparation and characterization of a layered transparent luminescent thin film of silica-ctab-Tb $(acac)_3$ composite with mesostructure [J]. The Journal of Physics and Chemistry of Solids, 2003, 64 (1): 63-67.

[89] Carlos L D, Ferreira S R A, Rainho J P. Fine-tuning of the chromaticity of the emission color of organic-inorganic hybrids co-doped with Eu (III), Tb (III), and Tm (III) [J]. Advanced Functional Materials, 2002, 12 (11-12): 819-823.

[90] Molina C, Dahmouche K, Messaddeq Y. Enhanced emission from Eu (III) - diketone complex combined with ether-type oxygen atoms of di-ureasil organic-inorganic hybrids [J]. Journal of Luminescence, 2003, 104 (1 - 2): 93 - 101.

[91] Bertrand-Chadeyron G, Boyer D, Boutinaud P, et al. Production and shaping of high performance phosphors for lighting by using sol-gel process [J]. Light Sources, 2004, (182): 547 - 548.

[92] Franville A C, Mahiou R, Zambon D, et al. Molecular design of luminescent organic-inorganic hybrid materials activated by europium (III) ions [J]. Solid State Science, 2001, 3 (1 - 2): 211 - 222.

[93] Franville A C, Zambon D, Mahiou R, et al. Luminescence behavior of sol-gel-derived hybrid materials resulting from covalent grafting of a chromophore unit to different organically modified alkoxysilanes [J]. Chemistry of Materials, 2000, 12 (2): 428 - 435.

[94] Franville A C, Zambon D, Mahiou R, et al. Synthesis and optical features of an europium organic-inorganic silicate hybrid [J]. Journal of Alloys and Compounds, 1998, 275 - 277: 831 - 834.

[95] Lenaert P, Storms A, Mullens J, et al. Thin films of highly luminescent lanthanide complexes covalently linked to an organic-inorganic hybrid material via 2-substituted imidazo [4,5 - f]- 1,10-phenanthroline groups [J]. Chemistry of Materials, 2005, 17 (20): 5194 - 5201.

[96] Deun R V, Nockemann P, Gorller-Walrand C, et al. Strong erbium luminescence in the near-infrared teleconununication Window [J]. Chemical Physical Letters, 2004, 397 (4 - 6): 447 - 450.

[97] Deun R V, Fias P, Nockemann P, et al. Rare-earth quinolinates: infrared-emitting molecular materials with a rich structural chemistry [J]. Inorganic Chemistry, 2004, 43 (26): 8461 - 8469.

[98] Lenaerts P, Driesen K, Deun R V, et al. Covalent coupling of luminescent tris (2-thenoyltrifluoroacetonato) lanthanide (III) complexes on a Merrifield resin

[J]. Chemistry of Materials, 2005, 17 (8): 2148 - 2154.

[99] Binnemans K, Lenaerts P, Driesen K, et al. A luminescent tris (2-thenoyltrifluoroacetonato) europium (III) complex covalently linked to a 1,10-phenanthroline-functionalised sol-gel glass [J]. Journal of Materials Chemistry, 2004, 14 (2): 191 - 195.

[100] Binnemans K. Lanthanide-based luminescnet hybrid materials [J]. Chemical Reviews, 2009, 109 (9): 4283 - 4374.

[101] Fernandes M, Nobre S S, Goncalves M C, et al. Dual role of a di-urethanesil hybrid doped with europium beta-diketonate complexes containing either water ligands or a bulky chelating ligand [J]. Journal of Materials Chemistry, 2009, 19 (6): 733 - 742.

[102] Liu F Y, Carlos L D, Ferreira R A S, et al. Photoluminescent porous alginate hybrid materials containing lanthanide ions [J]. Biomacromolecules, 2008, 9 (7): 1945 - 1950.

[103] Fu L S, Ferreira R A S, Fernandes M, et al. Photoluminescence and quantum yields of organic/inorganic hybrids prepared through formic solvolysis [J]. Optical Materials, 2008, 30 (7): 1058 - 1064.

[104] Molina C, Ferreira R A S, Poirier G, et al. Er^{3+}-based diureasil organic-inorganic hybrids [J]. The Journal of Physical Chemistry C, 2008, 112 (49): 19346 - 19352.

[105] Oliveira D C, Macedo A G, Silva N, et al. Photopatternable di-ureasil-zirconium oxocluster organic-inorganic hybrids as cost effective integrated optical substrates [J]. Chemistry of Materials, 2008, 20 (11): 3696 - 3705.

[106] Nobre S S, Brites C, Ferreira R A S, et al. Photoluminescence of Eu (III)-doped lamellar bridged silsesquioxanes self-templated through a hydrogen bonding array [J]. Journal of Materials Chemistry, 2008, 18 (35): 4172 - 4182.

[107] Fernandes M, Bermudez V D, Ferreira R A S, et al. Incorporation of the

$Eu(TTA)_3(H_2O)_2$ complex into a co-condensed D – U (600)/D – U(900) matrix [J]. Journal of Luminescence, 2008, 128 (2): 205 – 212.

[108] Fernandes M, Bermudez V D, Ferreira R A S, et al. Highly photostable luminescent poly (epsilon-caprolactone) siloxane biohybrids doped with europium complexes [J]. Chemistry of Materials, 2007, 19 (16): 3892 – 3901.

[109] Karmaoui M, Mafra L, Ferreira R A S, et al. Photoluminescent rare-earth based biphenolate lamellar nanostructures [J]. The Journal of Physical Chemistry C, 2007, 111 (6): 2539 – 2544.

[110] Carlos L D, Ferreira R A S, Bermudez V D, et al. Lanthanide-containing light-emitting organic-inorganic hybrids: a bet on the future [J]. Advanced Materials, 2009, 21 (5): 509 – 534.

[111] Guo X M, Guo H D, Fu L S, et al. Novel hybrid periodic mesoporous organosilica material grafting with Tb complex: synthesis, characterization and photoluminescence property [J]. Microporous and Mesoporous Materials, 2009, 119 (1 – 3): 252 – 258.

[112] Guo X M, Guo H D, Fu L S, et al. Synthesis, spectroscopic properties, and stabilities of ternary europium complex in SBA – 15 and periodic mesoporous organosilica: a comparative study [J]. The Journal of Physical Chemistry C, 2009, 113 (6): 2603 – 2610.

[113] Sun L N, Zhang H J, Fu L S, et al. A new sol-gel material doped with an erbium complex and its potential optical-amplification application [J]. Advanced Functional Materials, 2005, 15 (6): 1041 – 1048.

[114] Guo X M, Fu L S, Zhang H J, et al. Effect of silver nanoparticles on luminescent properties of europium complex in di-ureasil hybrid materials [J]. Journal of Luminescence, 2007, 122 – 123: 892 – 895.

[115] Guo X M, Wang X M, Zhang H J, et al. Preparation and luminescence properties of covalent linking of luminescent ternary europium complexes on periodic mesoporous organosilica [J]. Microporous and Mesoporous Materials,

2008, 116 (1 - 3): 28 - 35.

[116] Guo X M, Guo H D, Fu L S, et al. Synthesis and photophysical properties of novel organic-inorganic hybrid materials covalently linked to a europium complex [J]. Journal of Photochemistry and Photobiology: A Chemistry, 2008, 200 (2 - 3): 318 - 324.

[117] Liu P, Li H R, Wang Y G, et al. Europium complexes immobilization on titania via chemical modification of titanium alkoxide [J]. Journal of Materials Chemistry, 2008, 18 (7): 735 - 737.

[118] Li H R, Lin N N, Wang Y G, et al. Construction and photoluminescence of monophase hybrid materials derived from a urea-based bis-silylated bipyridine [J]. European Journal of Inorganic Chemistry, 2009, 2009 (4): 519 - 523.

[119] Yan B, Wang Q M. Two luminescent molecular hybrids composed of bridged Eu (III)-beta-diketone chelates covalently trapped in silica and titanate gels [J]. Crystal Growth and Design, 2008, 8 (5): 1484 - 1489.

[120] Wang Q M, Yan B. A novel way to prepare luminescent terbium molecular-scale hybrid materials: modified heterocyclic ligands covalently bonded with silica [J]. Crystal Growth and Design, 2005, 5 (2): 497 - 503.

[121] Yan B, Wang Q M, Ma D J. Molecular construction, characterization, and photophysical properties of supramolecular lanthanide-calix [4] arene covalently bonded hybrid systems [J]. Inorganic Chemistry, 2009, 48 (1): 36 - 44.

[122] Yan B, Wang Q M. Covalently bonded assembly and photoluminescent properties of rare earth/silica/poly (methyl methacrylate-co-maleic anhydride) hybrid materials [J]. Journal of Photochemistry and Photobiology A: Chemistry, 2008, 197 (2 - 3): 213 - 219.

[123] Wang Q M, Yan B. From molecules to materials: a new way to construct luminescent chemical bonded hybrid systems based with ternary lanthanide complexes of 1, 10-phenanthroline [J]. Inorganic Chemistry Communications, 2004, 7 (10): 1124 - 1127.

[124] Yan B, Lu H F. Lanthanide-centered covalently bonded hybrids through sulfide linkage: molecular assembly, physical characterization, and photoluminescence [J]. Inorganic Chemistry, 2008, 47 (13): 5601 - 5611.

[125] Yan B, Qian K, Lu H F. Molecular assembly and photophysical properties of quaternary molecular hybrid materials with chemical bond [J]. Photochemistry and Photobiology, 2007, 83 (6): 1481 - 1490.

[126] Li Y, Yan B, Yang H. Construction, characterization, and photoluminescence of mesoporous hybrids containing europium (III) complexes covalently bonded to SBA - 15 directly functionalized by modiried beta-diketone [J]. The Journal of Physical Chemistry C, 2008, 112 (10): 3959 - 3968.

[127] Liu J L, Yan B. Molecular construction and photophysical properties of luminescent covalently bonded lanthanide hybrid materials obtained by grafting organic ligands containing 1,2,4-triazole on silica by mercapto modification [J]. The Journal of Physical Chemistry C, 2008, 112 (36): 14168 - 14178.

[128] Liu J L, Yan B. Lanthanide (Eu^{3+}, Tb^{3+}) centered hybrid materials using modified functional bridge chemical bonded with silica: molecular design, physical characterization, and photophysical properties [J]. The Journal of Physical Chemistry B, 2008, 112 (35): 10898 - 10907.

[129] Lu H F, Yan B, Liu J L. Functionalization of calix [4] arene as molecular bridge to assemble novel luminescent rare earth supramolecular hybrid systems [J]. Inorganic Chemistry, 2009, 48 (9): 3966 - 3975.

[130] Wolff N E, Pressley R J. Optical maser action in Eu^{3+}-containing organic matrix [J]. Applied Physics Letters, 1963, 2 (8): 152 - 153.

[131] 刘俊峰,滕枫,徐征.一种新型稀土配合物 $Tb(M\text{-}Benzoic\ Acid)_3$ 的发光特性的研究[J].光谱学与光谱分析,2004,24: 519 - 523.

[132] Okamoto Y, Ueba Y, Dzhanibekov N F. Characterization of ion containing polymer structures using rare earth metal fluorescence probes [J]. Macromolecules, 1981, 14 (1): 17 - 22.

[133] Ueba Y, Banks E, Okamoto Y. Investigation on the synthesis and characterization of rare earth metal-containing polymers II Fluorescence properties of Eu^{3+}-polymer complexes containing β-diketone ligand [J]. Journal of. Applied Polymer Science, 1980, 25 (9): 2007 - 2017.

[134] Tang B, Jin L P, Zheng X J, et al. Photoluminescence enhancement of Eu^{3+} in the Eu^{3+}-dibenzoylmethide-oligomer (styrene-co-acrylic acid) ternary composite [J]. Spectrochimica Acta, Part A: Molecular and Biomolecular Spectroscopy, 1999, 55 (9): 1731 - 1736.

[135] Chuai X H, Zhang H J, Li FS, et al. Luminescence properties of $Eu(phen)_2(Cl)_3$ doped in sol-gel-derived SiO_2-PEG matrix [J]. Materials Letters, 2000, 46 (4): 244 - 247.

[136] Yan B, Wang Q M. In situ composition and luminescence of terbium coordination polymers/PEMA hybrid thick films [J]. Optical Materials, 2004, 27 (3): 533 - 537.

[137] Ding J J, Jiu H F, Bao J, et al. Combinatorial study of cofluorescence of rare earth organic complexes doped in the poly (methyl methacrylate) matrix [J]. Journal of Combinational Chemistry, 2005, 7 (1): 69 - 72.

[138] Li Z T, Ji G Z, Zhao C X, et al. Self-assembling calix [4] arene [2] catenanes preorganization, conformation, selectivity, and efficiency [J]. Journal of Organic Chemistry, 1999, 64 (10): 3572 - 3584.

[139] 张海燕,史慧杰,施宪法. 含腺嘌呤的杯芳烃衍生物的合成、表征及其对核苷碱基的分子识别性质[J]. 高等学校化学学报,2008,29(9): 1777 - 1781.

[140] Gutsche C D, Dhawan B, No K H, et al. Calixarenes 4 the synthesis, characterization, and properties of the calixarenes from p-tert-butylphenol [J]. Journal of American Chemical Society, 1981, 103 (13): 3782 - 3792.

[141] Hoffmann H S, Staudt P B, Costa T, et al. FTIR study of the electronic metal-support Interactions on platinum dispersed on silica modified with titania [J]. Surface and Interface Analysis, 2002, 33 (8): 631 - 634.

[142] Goncalves M C, Bermudez V D, Ferreira R A S, et al. Optically functional di-urethanesil nanohybrids containing Eu^{3+} ions [J]. Chemistry of Materials, 2004, 16 (13): 2530 - 2543.

[143] Goncalves M C, Silva N, Bermudez V D, et al. Local structure and near-infrared emission features of neodymium-based amine functionalized organic/inorganic hybrids [J]. The Journal of Physical Chemistry B, 2005, 109 (43): 20093 - 20104.

[144] Tien P, Chau L K. Novel sol-gel-derived material for separation and optical sensing of metal ions: propyl-ethylenediamine triacetate functionalized silica [J]. Chemistry of Materials, 1999, 11 (8): 2141 - 2147.

[145] Wang Q M, Yan B. Construction of lanthanide luminescent molecular-based hybrid material using modified functional bridge chemical bonded with silica [J]. Journal of Photochemistry and Photobiology: A Chemistry, 2005, 175 (2 - 3): 159 - 164.

[146] Wang Q M, Yan B. Optically hybrid lanthanide ions (Eu^{3+}, Tb^{3+})-centered materials with novel functional di-urea linkages [J]. Applied Organometallic Chemistry, 2005, 19 (8): 952 - 956.

[147] Wang Z, Wang J, Zhang H J. Luminescent sol-gel thin films based on europium-substituted heteropolytungstates [J]. Materials Chemistry and Physics, 2004, 87 (1): 44 - 48.

[148] Malta O L, Dossantos M, Thompson L C, et al. Intensity parameters of 4f - 4f transitions in the Eu(dipivaloylmethanate)$_3$ 1,10-phenanthroline complex [J]. Journal of Luminescence, 1996, 69 (2): 77 - 84.

[149] Malta O L, Brito H F, Menezes J, et al. Spectroscopic properties of a new light-converting device Eu(thenoyltrifluoroacetonate)$_3$ 2(dibenzyl sulfoxide). A theoretical analysis based on structural data obtained from a sparkle model [J]. Journal of Luminescence, 1997, 75 (3): 255 - 268.

[150] Ribeiro S, Dahmouche K, Ribeiro C A, et al. Study of hybrid silica-

polyethyleneglycol xerogels by Eu^{3+} luminescence spectroscopy [J]. Journal of Sol-Gel Science and Technology, 1998, 13 (1-3): 427-432.

[151] Ferreira R A S, Carlos L D, Goncalves R R, et al. Energy-transfer mechanisms and emission quantum yields in Eu^{3+}-based siloxane-poly (oxyethylene) nanohybrids [J]. Chemistry of Materials, 2001, 13 (9): 2991-2998.

[152] Werts M, Jukes R, Verhoeven J W. The emission spectrum and the radiative lifetime of Eu^{3+} in luminescent lanthanide complexes [J]. Physical Chemistry Chemical Physics, 2002, 4 (9): 1542-1548.

[153] Soares-Santos P, Nogueira H, Felix V, et al. Novel lanthanide luminescent materials based on complexes of 3-hydroxypicolinic acid and silica nanoparticles [J]. Chemistry of Materials, 2003, 15 (1): 100-108.

[154] Peng C Y, Zhang H J, Yu J B, et al. Synthesis, characterization, and luminescence properties of the ternary europium complex covalently bonded to mesoporous SBA-15 [J]. The Journal of Physical Chemistry B, 2005, 109 (32): 15278-15287.

[155] Boyer J C, Vetrone F, Capobianco J A, et al. Variation of fluorescence lifetimes and judd-ofelt parameters between Eu^{3+} doped bulk and nanocrystalline cubic Lu_2O_3 [J]. The Journal of Physical Chemistry B, 2004, 108 (52): 20137-20143.

[156] de Sá G F, Malta O L, de Mello Donegá C, et al. Spectroscopic properties and design of highly luminescent lanthanide coordination complexes [J]. Coordination Chemistry Reviews, 2000, 196: 165-195.

[157] Kodaira C A, Claudia A, Brito H F, et al. Luminescence investigation of Eu^{3+} ion in the $RE_2(WO_4)_3$ matrix (RE = La and Gd) produced using the pechini method [J]. Journal of Solid State Chemistry, 2003, 171 (1-2): 401-407.

[158] Cerveau G, Corriu R J P, Framery E, et al. Auto-organization of nanostructured organic-inorganic hybrid xerogels prepared by sol-gel processing: the case of a "twisted" allenic precursor [J]. Chemistry of

Materials，2004，16 (20)：3794 - 3799.

[159] Serra O A，Rosa I L V，Medeiros C L，et al. Luminescent properties of Eu^{3+} beta-diketonate complexes supported on langmuir-blodgett-film [J]. Journal of Luminescence，1994，60 - 61：112 - 114.

[160] Horrocks Jr. W D，Sudnick D R. Lanthanide ion probes of structure in biology. Laser-induced luminescence decay constants provide a direct measure of the number of metal-coordinated water molecules [J]. Journal of American Chemical Society，1979，101 (2)：334 - 340.

[161] 徐丹，褚良银. 苯硼酸及其衍生物在医药与化工领域的应用研究进展[J]. 化工进展，2006，25(9)：1045 - 1048.

[162] 汤宇，王珙，李朝兴. 含硼酸基团环境响应型高分子聚合物的研究进展[J]. 高分子材料科学与工程，2007，23(5)：24 - 27.

[163] Kazunori K，Hiroaki M. Sensitive glucose-induced change of the lower critical solution temperature of poly [N，N-dimethylacrylamide-co-(acrylamido) phenyl-boronic acid [J]. Macromolecules，1994，27 (4)：1061 - 1062.

[163] Angyal S J，Greeves D，Pickles V A. The stereochemistry of complex formation of polyols with borate and peridate anions，and with metal cations [J]. Carbohydrate Research，1974，35 (1)：165 - 173.

[164] Greg S，Binghe W. A detailed examination of boronic acid-diol complexation [J]. Tetrahedron，2002，58 (26)：5291 - 5300.

[165] 刘紫徽，李兰，赵辉鹏. 3 -丙烯酰胺基苯硼酸的合成与表征[J]. 合成技术及应用，2007，22(3)：13 - 16.

[166] 钟为慧，叶海伟，刘振玉，等. 含氟苯硼酸的合成及应用进展[J]. 有机化学，2009，29 (5)：665 - 671.

[167] 程伟，李建军，许闵海，等. 黄连素化学传感器的研制与应用[J]. 化学传感器，1999，19(3)：37 - 40.

[168] 岳海艳，刘占峰. 新法合成邻苯二甲酰亚胺[J]. 精细化工中间体，2004，35(3)：44 - 45.

后 记

本书的全部工作是在导师闫冰教授的悉心指导下完成的。恩师渊博的学识、孜孜不倦的科研追求、严谨的治学作风、平易近人的生活态度使我受益终身。在这五年的求学生涯中，闫老师在学习和生活中都给予了我无私的关怀和帮助。在此，谨向我最尊敬的导师致以衷心的感谢和崇高的敬意！

感谢课题组的兄弟姐妹们给予我的关心和帮助。感谢宋益善、王前明、黄红花、赵利民、隋玉龙、肖秀珍、苏雪青、卢海峰、黄艳、吴建华、李颖、刘金亮、雷芳、周磊、吴俊杰、陈曦、白盈盈、周兵、姚润峰、李亚娟、郭磊、张强、王芳芳、朱红霞、王冲、钱凯、顾建风、李灵芝、林丽霞、盛凯、孔利利、王畅、王小龙、赵岩、郭敏、李艳艳。谢谢你们给我的支持和帮助。

感谢我的好友张海燕和王鹏一直以来在生活和学习中对我的关怀和鼓励！

同时，特别感谢复旦大学先进材料实验室李富友教授在实验测试方面给予的帮助。在实验测试过程中，还得到了同济大学化学系中心实验室的杨慧慈老师、海洋国家重点实验室学院夏佩芬老师以及复旦大学万异老师的帮助。此外，北京大学稀土材料化学及应用国家重点实验室和复旦大学测试中心对样品的测试表征给予了很大的帮助。在此，一并向他们表示感谢。

本文得到国家自然科学基金(20671072,20971100)和新世纪优秀人才项目(NECT-080398)的资助,特此致谢。

感谢多年来一直支持我的父母,你们是我生命中最大的财富和支柱!

乔晓菲